LES

MÉTIERS DE PARIS

LES
MÉTIERS DE PARIS

D'APRÈS LES ORDONNANCES DU CHATELET

AVEC

LES SCEAUX DES ARTISANS

PAR

CHARLES DESMAZE

Conseiller à la Cour d'Appel de Paris, Officier de la Légion d'honneur

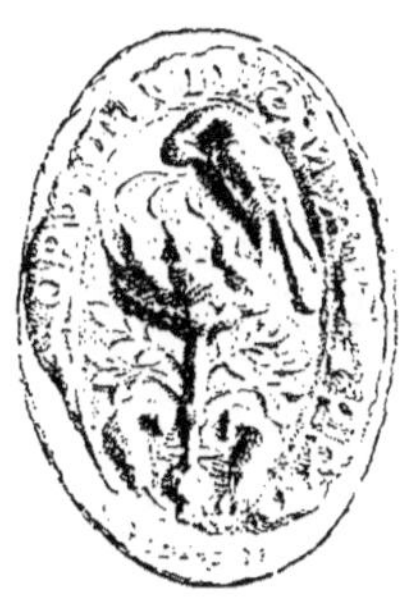

PARIS

ERNEST LEROUX, ÉDITEUR

LIBRAIRE DES SOCIÉTÉS ASIATIQUES DE PARIS, DE NEW-HAVEN (ÉTATS-UNIS),
DE CALCUTTA, DE SHANGHAÏ (CHINE), ETC.,

Rue Bonaparte, 28

—

1874

PRÉFACE

C'est à Saint-Quentin, — la cité industrielle, — que je
dédie ce livre. Là sont nés et sont ensevelis tous les miens,
c'est-à-dire que, par le deuil et par la pensée, je retourne
souvent visiter tous ces chers souvenirs, jamais affaiblis, ni
effacés. Comme le poëte exilé, je me suis, depuis quarante
ans, plus d'une fois tristement écrié :

> . . . . Tamen optat (1)
> Fumum de patriis posse videre focis.
> Nescio qua natale solum dulcedine cunctos
> Ducit, et immemores non sinit esse sui.

J'ai recherché les documents d'une histoire locale encore
à faire, afin de les sauver, si je puis, de l'envahissant oubli.

Après avoir été le ferme rempart de la France, guerrière
alors et redoutée, notre Picardie s'est livrée à l'industrie
avec la même ardeur qu'elle apportait dans les combats (2).
Les fabriques d'Amiens sont, par leurs velours, célèbres
comme celles de Saint-Quentin par leurs batistes, leurs ca-
licots, leurs lainages. — Napoléon Ier était venu, en les visitant, applaudir au progrès de ces ateliers naissants qui

(1) Ovide, *Ex Ponto*, Lib I, Lettre III à Rufin.
(2) Isti Picardi non sunt ad prælia tardi. (Ancien dicton.)

1

se dressaient alors pour vaincre l'Angleterre, afin d'en remplacer les produits sur les marchés du monde.

Pour moi, jamais je ne suis revenu dans ma ville natale sans en saluer le clocher, avec un patriotique orgueil ; jamais je n'ai revu, à l'horizon, ses cheminées hautes et haletantes, sans en interroger fièrement le nombre, sans songer que, derrière ces noires machines, étaient des ouvriers intelligents, des industriels hardis, des artistes habiles, qui se montraient, en même temps, de bons, dévoués et utiles citoyens.

Le commerce, l'industrie, ces deux puissances attendent toujours la réunion fraternelle de leurs histoires, dispersées encore, et à l'aide desquelles s'écrira le *livre d'or de la noblesse industrielle*, noblesse qui donne aussi à la France un des reflets de sa splendeur dans le monde des nations.

Puisse le futur écrivain de ces annales trouver, pour son œuvre, quelques indications utiles dans les modestes recherches dont je présente aujourd'hui l'ensemble au public ! L'unique mérite de ces pages est de refléter fidèlement l'histoire des métiers de Paris, puisée à ses sources vives et cachées.

Paris, juin 1873.

INTRODUCTION

Paris n'est pas une ville(1), vouée exclusivement à l'agitation et au plaisir, c'est aussi une ruche immense, dans laquelle travaillent, sans relâche, d'innombrables ouvriers.

A côté des quartiers consacrés, aujourd'hui comme jadis, aux oisifs et aux débauchés, sont des rues dont le nom a conservé la destination. De ces ateliers bruyants, enfumés et sombres, de ces boutiques humides, de ces chambres étroites sortent et sont expédiés, vers tous les points du monde, les produits du savoir, du goût, de l'art essentiellement Parisien. Par une tradition mystérieuse et non interrompue se sont transmis les secrets et les procédés de chaque métier.

Tour à tour favorables ou oppresseurs, suivant les besoins du Trésor public, nos rois ont édicté des règlements, des statuts, des lettres patentes, dont nous allons ici sommairement ressaisir la trace. Elle permettra de suivre, en leur ordre chronologique, la naissance, les progrès, l'existence (toujours persistante, malgré la réglementation) des professions, des métiers, humbles ou brillants.

En France, l'industrie ne trouva pas pour la diriger le même essor que le commerce. Née dans le sein et à l'ombre des communes, mêlée à leur affranchissement, à leur image, elle crée ses corporations, patronnées(2) par les saints. Favorisées par Louis IX et par Louis XI, au

---

(1) Paris n'est pas une ville, c'est un monde. (François Ier à Charles-Quint.)

(2) De nos jours encore, pour fêter leurs patrons, les ouvriers de chaque corporation vont à l'église paroissiale entendre une messe solennelle, — les charpentiers à la Sainte-Barbe, les jardiniers à la Saint-Fiacre.—Dans quelques églises de province, on trouve encore des chapelles dédiées aux saints patrons des confréries. Ainsi, à Saint-Germain d'Argentan, existent les cha-

seizième siècle elles sont maintenues par des traditions et des intérêts secondaires et étroits. Par son édit de décembre 1561, Henri III donna aux corporations la vie et l'étendue d'une institution nationale. A Orléans (1576-1588), le tiers État se fit leur organe ardent; aussi, aux États de Blois, se manifesta une vive opposition contre les monopoles. Henri IV lutta contre la puissance des métiers, dont les priviléges excessifs entravaient les progrès de l'industrie, et les États de 1614 furent forcés de faire entendre, contre les corporations et les épreuves imposées aux artisans, les plus fermes doléances. Le grand Colbert (le fils laborieux du marchand de Reims, à *l'enseigne du Long-Vêtu*) réunit, en ses mains puissantes, la marine, l'industrie, le commerce, les lettres et les arts, les travaux publics, et leur imprima le sceau de son génie. Aussi peut-il revendiquer la meilleure part d'un règne long et glorieux (1643 — 1er septembre 1715).

Les corporations étaient enserrées dans les lois, les ordonnances, les statuts. Le Parlement réprima les empiétements des métiers les uns sur les autres; on voit les charrons faire un procès aux selliers-lormiers (22 janvier 1570), les menuisiers prétendre sculpter des images de bois taillé au détriment des faiseurs d'images (7 juin 1512 —7 août 1583), les serruriers obtenir, attendu la nécessité du temps (10 avril 1585) permission de réparer les arquebuses, les chaudronniers obtenir, concurremment avec les arquebusiers, l'autorisation de faire des morions (14 juillet 1568). Le Parlement, saisi de ces affaires sur l'appel du Châtelet, entend le prévôt des marchands, les échevins, maîtres et gardes de la marchandise, les capitaines qui ont suivi les guerres, avant de statuer (7 juin 1512 — 7 août 1583 — 1er mars 1568).

Le Parlement surveillait jusqu'au costume des artisans, leur défendait de porter épées, ni chausses chiquetées, ni bouffantes de taffetas, à peine d'être pendus (20 octobre 1559). Il fixe le

pelles de Saint-Luc, confrérie des peintres ; — Sainte-Barbe, tailleurs, artilleurs ; — Saint-Éloi, maréchaux ; — Saint-Laurent, Saint-Honoré, pâtissiers, cuisiniers-rôtisseurs ; — Saint-Yves, avocats et gens de justice ; — Sainte-Cécile, musiciens ; — Sainte-Madeleine, boulangers ; — Saint-Étienne, drapiers et estamiers ; — Notre-Dame, chandeliers ; — Sainte-Anne, médecins, chirurgiens, apothicaires. — Nous avons, en visitant cette église, obtenu les obligeantes explications de M. le curé Monoury et de son érudit vicaire, M. l'abbé Trouillet.

prix de certaines marchandises (2 avril 1524-1525) et taxe le prix
des sirops des apothicaires (12 février 1633). Chaque année, les
comptes des communautés étaient rendus par leurs syndics, en présence du procureur du roi, qui, après vérification, approuvait le
compte et percevait dix livres pour ses épices. Leurs recettes com-
prenaient les droits de confirmation, agrégation, apprentissage, ré-
ceptions, visites, amendes, confiscations. Leurs dépenses, les frais de
procès, correspondances, voyages, rétribution des crieurs, frais d'a-
vocats et de procureurs, pour suivre les procès en première instance
et en appel devant le Parlement. A chaque pas des impôts frappaient
les marchandises en circulation ou en fabrication.

En 1578, tarif des droits de grand vinage de Pont-à-Bucy, et petit
vinage de La Fère, Travecy, Vouël et Marle (1): Droit perçu par cha-
riot chargé de laine, toile, lin, fil, alun, bois de Brésil, pelleterie,
cuir, 9 sols 6 deniers par charrette à un cheval conduisant lesdits
objets; 15 deniers par charrette à deux chevaux, 3 sols parisis, dont
10 deniers pour les fieffés; à 5 chevaux, 5 sols 3 deniers. Par som-
mier chargé de laine, drap, lin, huile, gros miel, acier, 20 deniers; de
cuivre neuf, 5 deniers; celui qui porte à dos ou à brouette doit 3 deniers; le char qui conduit vin, verjus, vinaigre, sel, cire, clous, miel,
fer, cendres, 5 sols 10 deniers; 4 deniers pour une meule de moulin.

Les établissements ecclésiastiques jouissaient de franchises de vinage
pour leurs vins, savoir : l'abbé d'Anchin pour 50 voitures de vin à
4 chevaux; l'abbé de Vaucelles pour 50 voitures à 8 chevaux; la maladrerie de Saint-Quentin pour 12 charrettes; l'abbaye de Saint-Prix
pour 20, celle de Vermand pour 12; la maladrerie de Ribemont pour
2; l'hôtellerie d'Origny-Sainte-Benoîte, 3 charretées; le chapitre de
Laon, les Jacobins de Saint-Quentin, les abbayes de Saint-Vincent
et de Saint-Martin de Laon, de Prémontré, de Saint-Remi de Reims,
étaient exempts de tout droit pour leur usage. Le Juif payait 4 deniers, la juive 4 deniers.

En janvier 1581, des lettres patentes, datées de Folembray, ordonnant qu'une marque (*fleur de lis*) devait être apposée sur les cuirs,

______

(1) *Bailliage royal de La Fère*. B. 1219. B. 713. (Archives de la Préfecture
de l'Aisne.)

avant leur mise en vente. La vente effectuée, le droit était perçu à raison de 3 sols par cuir de bœuf, vache, buffle et autres grands cuirs, de 4 deniers par peau de veau, de 3 sols par douzaine de cuirs de mouton, de 6 deniers par peau de maroquin et chamois.

Les mœurs et usages de la vie privée se peignent dans tous ces actes, de couleurs vives et familières.

L'ouverture des boutiques est prohibée par le Parlement le dimanche et les jours de fête, il est défendu également de charrier ou faire charrier, sous peine de punition corporelle et confiscation des chevaux, harnois et de ce qu'ils conduiront (27 octobre 1547 — 20 déc. 1572).

Un poulet d'Inde tout lardé à la broche fut saisi, en 1646, à Vaux-sous-Laon, chez des hôteliers qui avaient indûment exposé ces viandes du métier de cuisinier.

L'autorité ne fait que recevoir des réclamations auxquelles elle répond par des règlements et des décisions (1). En 1700, plaintes de la communauté des boulangers de La Fère contre les fermiers des moulins banaux de cette ville, accusés d'avoir, depuis plusieurs années, fait un tort considérable sur les grains, que lesdits boulangers ont fait moudre auxdits moulins, en prenant injustement et malhonnêtement leurs blés au-dessus du prix de mouture.

En 1702, défense faite à tous hôteliers, barbiers et maîtres de jeu de billard, de boules, de donner à boire et à manger (*excepté aux voyageurs passant*) pendant les offices et dimanches, et après dix heures du soir, à peine de 10 livres d'amende et de prison.

En 1735, défense d'introduire les bestiaux dans les chaumes, sinon trois jours après l'enlèvement des récoltes, à peine de 10 livres d'amende, et aux glaneurs de glaner avant le lever du soleil et après le soleil couchant, sous la même peine.

A côté de ces réglementations excessives et de ces sévérités de la législation envers l'industrie et le commerce, nos souverains accordaient parfois des privilèges aux marchands (le plus souvent contre argent comptant). On proclame la confirmation des grans privilèges et ordonnances données par le roi François aux seigneurs, bourgeois et habitants de la ville de Paris et à tous marchands, qui vouldront

____

(1) *Bailliage royal de La Fère*. B. 1194. — B. 792. (*Ibid.* — B. 804.)

amener vivres et autres marchandises, tant par eau que par terre à ladite ville, pour la provision du roy et de tout le peuple, sont frans de toutes impositions, tribus et succides, fors les anciennes coustumes, bien à plein déclarées en ces présentes publiées à son de trompe, à Paris, par les carrefours, le XIII° jour de septembre 1531.

L'industrie était favorisée dans les mêmes familles. Ainsi, l'ordonnance donnée par le roi Louis XIV (mars 1653) concernant le commerce, réputait les fils de marchands, demeurant chez leur père, jusqu'à dix-sept ans accomplis, comme y ayant fait leur apprentissage (art. 1). Elle déclarait les négociants et marchands, majeurs pour le fait de leur commerce, sans qu'ils puissent être restitués sous prétexte de minorité (art. 6).

Sans système bien arrêté, sans règle mûrement suivie, on créait, on supprimait les charges, d'après les besoins du Trésor royal. Toujours et partout il fallait payer soit au roi, soit au seigneur (1).

Après avoir supprimé les corporations (février 1776), Louis XVI les rétablit six mois après, en modifiant profondément les anciens règlements. Un édit d'avril 1777 s'appliquait spécialement à toutes les villes du royaume, autres que Paris et Lyon, un état des communautés fut dressé par le conseil, d'autres édits en 1781 et en 1782 réglèrent leur police.

Ce rapide coup d'œil jeté sur l'état des métiers, nous allons maintenant plus particulièrement et comme plus intimement entrer dans ce mouvement incessant des ouvriers à Paris. Nous les verrons à l'œuvre, sans trêve, sous l'action de ces lois, de ces ordonnances qui les dirigent, qui les surveillent et qui trop souvent gênent leur fécond et vigoureux essor. Toutefois, il faut le reconnaître, malgré tant de luttes, d'épreuves, de désastres, la France a conservé l'empreinte propre de son génie, de sa féconde initiative dans les arts, elle donne au monde entier ses inimitables productions. Courage donc toujours !

(1) En 1722, le jour de la fête de saint Nicolas, les garçons d'Escaufours se réunissaient en présence du maire, pour élire un Prince de la Jeunesse, qui précédait les jeunes gens, faisait la révérence au seigneur et conduisait une jeune fille à la danse. L'adjudication de la dignité de Prince était faite au dernier enchérisseur. Elle fut alors faite à Antoine Delhaye, pour son fils, moyennant 4 livres 3 sols.

(Archives du dép. de l'Aisne.)

Hélas! nous l'avons vu, l'Allemand semble une machine brutale dirigée, sans instinct, par une formule (1), l'Anglais au travail, comme à la boisson, s'y livre tout entier, il devient un outil vivant, le Français, généralement moins payé, moins nourri, dépensant (et sans compter) ses forces mal réparées, pense, marche, agit ; il est, malgré tant de misères, demeuré un homme encore. La France a une base agricole ferme et régénératrice qui refait les races, épuisées si rapidement par l'industrie. Le but de l'économie politique (2) et de toute politique est donc de faire des hommes courageux, robustes, intelligents. C'est à ceux-là que l'avenir, — un avenir prochain, — appartiendra. En présentant cette étude, fruit de nombreuses recherches, je peux dire encore aux lecteurs : « *Respicite quoniam non mihi soli laboravi, sed et omnibus exquirentibus justitiam.* » (*Ecclesiast.*, cap. XXXIII, vers. 18.)

(1) J. Michelet, *Histoire de la Révolution française*, t. II, p. 255 (1847, Chamerot éditeur), et les *Études sur l'Angleterre*, par Léon Faucher.

(2) Rossi.

MÉTIERS DE PARIS

CHAPITRE PREMIER

L'ancien Paris.

Nous devons indiquer tout d'abord aux lecteurs les sources auxquelles on peut puiser pour reconstituer le Paris du moyen âge, dans lequel il va pénétrer, avec nous. Les monuments de cette époque deviennent de plus en plus rares et disparaissent chaque jour. Depuis longtemps, on travaille à renverser et à détruire le Paris du moyen âge, et, depuis quelques années, on s'est mis à l'œuvre avec tant d'ardeur et d'élan, que c'est à peine si on peut retrouver les traces de la vieille cité, dans la ville moderne. L'indifférence pour le respect, que doivent inspirer les monuments des âges antérieurs, a malheureusement été une des causes de leur destruction ; mais c'est surtout l'accroissement incessant de la population, qui a amené les changements accomplis dans le caractère architectural et dans l'aménagement des maisons (1).

(1) Les amis des anciens monuments doivent se transporter dans la rue Hautefeuille, s'ils veulent se convaincre que le vieux Paris n'a pas tout à fait disparu. Mais de toutes les maisons que l'on y voit, une seule vous reporte

Il faut donc avoir recours à des preuves d'une autre nature pour reconstituer le vieux Paris. Heureusement, ces preuves sont nombreuses, et les ordonnances des rois, les cartulaires des églises, les rôles des impôts, les règlements des corporations, les ordonnances de police, les chroniques, les poëmes rimés, les inventaires, etc., permettent d'en refaire une image fidèle et complète, même aujourd'hui.

Beaucoup de rues étaient affectées à certaines industries, qui leur avaient donné leurs noms, telles que celles des Drapiers, de la Cordonnerie, de la Boucherie, des Bottiers, de la Bouclerie, des Lavandières, des Oubloiers, de la Pelleterie, de la Sellerie, de la Poullailerie (1), mais le rapport entre la dénomination des

au quinzième siècle. On trouve encore des maisons à pignon dans la rue Saint-Honoré, dans le quartier Saint-Germain-l'Auxerrois, dans la rue de la Harpe. Le moyen âge proprement dit y est conservé ; au Marais, où quelques hôtels du temps de Louis XIII se remarquent encore... Le premier exemple donné à Paris d'une construction symétrique est la place Royale. Sur son emplacement s'élevait, au quatorzième siècle, le célèbre hôtel des Tournelles, avec de nombreux jardins, des galeries, des chapelles, un labyrinthe. Charles IX fit détruire cet édifice après la mort de son père, et Henri IV fit élever à la place une suite de maisons semblables. La place Royale commence la série des édifices construits dans un plan symétrique absolu. Le cardinal de Richelieu se montra, comme Henri IV, partisan de ces plans de construction, mais les plus brillants projets de ces hommes sont restés inexécutés, aussi bien la place Ducale projetée par Richelieu, derrière son palais, que la place de France, qui devait former un grand hémicycle, vis-à-vis de la place du Calvaire. Une large porte, nommée porte de France, avec un corps de logis de chaque côté, devait être élevée dans le fond, et huit rues, portant les noms des principales provinces, déboucher sur la place. Ces rues auraient été coupées par huit autres, qui auraient porté le nom des petits gouvernements ; la mort de Henri IV empêcha l'exécution de ce plan.

(1) Les rues qui doivent leurs noms à des corps de métiers, étaient, d'après le rôle de 1292, les suivantes : rue de la Barillerie (un barillier) ; rue de la Boucherie (avec cinq bouchers) ; rue de la Buffeterie ; rue de la Bouclerie ; rue de la Bûcherie (avec cinq marchands de bois) ; rue de la Baudraierie (avec huit mégissiers) ; rue de la Chanvrerie, habitée par des marchands de chanvre et des mesureurs de toile (aunéeurs); rue de la Charreterie ; rue de la Charronnerie (avec trois charrons) ; rue aux Coifflières (avec deux mar-

rues et l'industrie de leurs habitants, s'était déjà modifié au treizième siècle dans certains quartiers, et le métier primitif s'en était souvent retiré, néanmoins les industries similaires continuaient à se placer les unes près des autres, ainsi que le prouvent les rôles de la taille.

Ainsi d'après le rôle de l'année 1292 pour Paris, cette ville comptait :

22 Armuriers (1).	15 Tailleurs de robes.
4 Haubergiers.	61 Chaussiers.
8 Archiers.	45 Boursiers.
36 Boucliers.	47 Chapeliers.
35 Forbeurs.	95 Ebénistes.
6 Arçonneurs.	27 Serruriers.
52 Gueiniers.	19 Marchands de draps.
30 Lormiers, selliers.	24 Foulons.
51 Scilliers.	15 Teinturiers.
23 Mégissiers.	70 Merciers.
22 Corroyeurs.	116 Orfévres (2).
20 Bazenniers.	24 Tapissiers.
15 Baudraiers.	32 Crespiniers.
82 Tisserands, tréfiliers.	24 Ymagiers, patenotriers.
124 Tailleurs.	

La plupart de ces professions s'exerçaient dans la ville, chandes de modes) : rue de la Courroirie : rue de la Cordoanerie (avec un cordonnier) : la Draperie, sur le quai de Gèvres : rue aux Escrivains (avec un écrivain et neuf marchands de parchemin ; rue des Estuves : de la Ferronerie (avec deux forgerons) : cette même rue dans la paroisse Saint-Eustache, avec l'indication qu'elle est habitée par des chaudronniers ; rue de la Foulerie ; rue de la Ganterie (avec un fabricant de gants) : rue aux Graveliers ; rue aux Jugléeurs (avec un trompeur et un jugléeur) ; rue aux Lavandières ; rue des Oubloiers (avec deux marchands d'oublies) ; rue de la Peleterie ; rue des Plastriers (avec un plastrier et deux maçons) ; rue de la Poulaillerie (avec onze marchands de volailles) ; rue de la Selerie (avec vingt-cinq selliers) ; de l'Atacherie.

(1) Voir le *Livre des Métiers* d'Etienne Boileau.

(2) Quant aux Juifs, ce n'était pas principalement à l'industrie qu'ils s'adonnaient, mais surtout à la vente des matières d'or et d'argent, et aux prêts d'argent moyennant un taux usuraire. (Voir les édits de décembre 1665 et juin 1669.) — *Observations sur les coutumes du Parlement de Metz*, par maitre Gabriel, avocat (1778), t. Ier, p. 47 et suivantes.

proprement dite, les écoles étaient dans la Cité et sur la rive gauche de la Seine. On y rencontrait de nombreuses boutiques de talmeliers (boulangers), — des crieurs de vins, de fèves, d'oignons, de mules, de chevaux, de bois, de foin, de vinaigre, de verjus, des trépassés.

De nos jours, encore, on trouve à Paris les rues de l'Aiguillerie, de l'Arbalète, des Blancs-Manteaux, Charbonnière, Charbonniers-Saint-Antoine, Saint-Marcel, Chaudron, Ciseaux, Cordeliers, Corderie-du-Temple, Cordiers, Corne, Coutellerie, Coutures-Saint-Gervais, Entrepreneurs, Épinettes, Fer-à-Moulin, Grande-Truanderie, Lavandières-Saint-Jacques, Meuniers, Moulins, Perle, Verrerie ; les quais de l'Horloge, des Orfévres, de la Mégisserie (1).

Cette réunion des états similaires produisait un certain ordre dans les rues, mais aussi que de contrastes entre quelques voies publiques ! Il y avait des impasses qui servaient de refuge à la misère et au crime, sans qu'on songeât à les y troubler ; des quartiers que ne pouvait franchir une femme d'un certain rang ; d'autres où on se souciait peu d'être rencontré, telle que la rue Saint-Symphorien, où demeuraient les devins... Mais au contraire, la rue Quincampoix et les rues voisines étaient fréquentées du beau monde : là se trouvaient exposés dans les boutiques des merciers, des dorelotiers, des courraiers, les riches parures, les bijoux étincelants, les ceintures et les rubans brodés

(1) A Paris, en 1872, la classe ouvrière comprend 450,000 travailleurs. Maçons : 87,000 ; serruriers : 15,000 ; charpentiers et menuisiers : 22,000 ; tailleurs et couturières : 135,000, dont 31,000 Alsaciens. On compte : 1,289 boulangeries ; 1.874 boucheries ; 1,831 cafés et brasseries ; 15,346 débits de vin ; 944 liquoristes ; 140 maisons de prostitution. Il y a 3,000 filles publiques inscrites, 16,000 non inscrites ; indigents : 101,370 ; domestiques en place : 29,541 ; sans place : 7,000 ; détenus : 3,000. (Voir Frégier, *Des Classes dangereuses*, et Lecour, *La Prostitution à Paris*.

d'or, les brillantes étoffes de soie du Levant et de l'Italie, la blanche hermine, les fourrures et tous les articles de mode (1).

La vie des rues s'animait encore des cris des marchands ambulants, il existe un vieux poëme rimé, écrit par Guillaume de Villeneuve (2), et intitulé *les Crieries de Paris*, qui prouve combien cette habitude était déjà répandue au treizième siècle. A cette époque les cris avaient leur raison d'être ; peu de gens savaient lire, l'imprimerie était inconnue ; les cris étaient donc d'une nécessité plus réelle que de nos jours.

Le jour pointait à peine que le baigneur annonçait l'ouverture des bains, dont les rapports avec l'Orient avaient généralisé l'habitude, presque dans toutes les classes ; devenus lieux de réunion, ou pour mieux dire de rendez-vous, ils avaient attiré l'attention du prévôt qui en ordonnait la fermeture, pendant la nuit, et en défendait l'annonce avant le jour (3). Après les baigneurs venaient les marchands d'habits. Aux cris des marchands d'habits s'en joignaient beaucoup d'autres : on criait des fleurs fraîches et des vieilles culottes, des mèches brillant comme des étoiles, de la paille propre et des vieux souliers, des bûches à deux oboles, du charbon à un denier le sac. Il y avait des gens qui recherchaient les vieux meubles et les vieux fers. Les mendiants, les quêteurs des divers ordres et des confréries faisaient aussi entendre leurs supplications ; les Dominicains, les Car-

---

(1) La réunion des professions de luxe, dans la rue Quincampoix (entre les rues Saint-Denis et Saint-Martin), dans la rue Troussevache et autres, est prouvée par le rôle de l'année 1292 (part. 86 et 90), les impôts considérables que, d'après les rôles de 1292 et de 1313, payaient les habitants de la rue Quincampoix, et notamment les merciers.

(2) *Fabliaux et Contes.* (Édition Méon, II, 276.)

(3) *Livre des Métiers*, statut des baigneurs, p. 188.

mélites, les Sachetins réclamaient des secours des passants pour les aveugles, les prisonniers et les esclaves chrétiens. Des charlatans se pressaient au milieu de la foule ; près d'eux se plaçaient les jongleurs et les chanteurs.

On entendait encore proclamer le ban du roi, ou annoncer au son d'une crécelle la mort d'un bourgeois, ou l'invitation aux personnes pieuses de prier pour son âme, jusqu'à ce que, la nuit venue, la cloche du soir fît fermer les boutiques, abandonnant les rues devenues sombres à quelques pâtissiers, offrant de faire tirer leurs marchandises à la loterie.

Des crieurs de vin.

De ces marchands, il est une profession qui mérite de fixer un instant l'attention, c'est celle des crieurs de vin, qui, d'une voix forte, offraient le vin rouge ou vermeil, alors le plus usuel à 32 deniers le meilleur, et à 8, 11 et 12 deniers le moins bon (1). Ils formaient une corporation spéciale, qui devint une institution publique ; les marchands de vin de Paris vendaient leurs vins sur la rue, comme tous les autres marchands, et toutes les fois qu'ils mettaient une pièce nouvelle en perce, ils le faisaient annoncer par des gens loués dans ce but. Ils étaient obligés de payer un impôt pour chacune de ces pièces. Le fermier de l'impôt se renseignait près des crieurs de vin, qui devinrent bientôt ses auxiliaires, tout en restant les intermédiaires des marchands pour l'annonce et la mise en vente de leur vin. Les marchands

(1) Johan. de Garlandia (Dictionn.) porte le prix d'un quart de vin à 12 liv. 4 den., mais nous ne savons pas si cette mesure était encore en usage au treizième siècle.

cherchaient à se soustraire à leur surveillance; mais, lorsque la contravention était constatée, les crieurs avaient le droit de coter le vin, et les marchands étaient forcés de le livrer à ce prix, de plus s'il y avait tromperie de la part de ces derniers, ils étaient punis d'une forte amende, prélevée sur la vente de la marchandise.

Il ne faut donc pas s'étonner si l'institution des crieurs de vin donnait souvent lieu à des débats; en 1274, ces débats dégénérèrent en un procès entre les marchands de vin et la hanse parisienne, mais la hanse l'emporta et fit maintenir l'institution des crieurs publics, qui ne perdit de son importance que dans les siècles suivants (1).

Des divers péages et des marchés.

Le samedi, la foule devenait plus compacte par la tenue des marchés. C'est alors que le percepteur du petit pont qui conduisait du quartier de l'Université à la Cité, redoublait d'efforts pour qu'aucun contribuable ne lui échappât et à défaut d'argent lui laissât au moins un gage. Les images des saints n'étaient exemptes du péage qu'autant qu'elles appartenaient aux églises; mais, lorsqu'elles étaient mises en vente, elles payaient deux deniers la pièce. Les denrées alimentaires destinées aux confréries et aux hôpitaux étaient également exemptes; il en était de même des jongleurs et des marchands de singes, seulement les premiers devaient chanter un air, et les autres faire faire un tour à leur singe (2). Les chèvres se rachetaient d'une manière plus sensible, par un

(1) Cons. les ordonnances et arrêts dans Félibien. *Hist. de Paris*, 1. — Recueil de pièces justificatives, n° XI, vente de la crierie à la hanse parisienne, en l'année 1220. n°° 18 et 19. Cons. le statut des crieurs dans le *Livre des Métiers*, tit. V, p. 24. La faculté d'annoncer la vente du vin par cris est octroyée par le prévôt et les eschevins de la marchandise.

(2) *Livre des Métiers*, p. 287. De là le proverbe : *Payer en monnoie de singe.*

coup de massue qui leur était donné entre les cornes ; les merciers pouvaient payer en nature, en remettant au percepteur une aiguille ou une attache de la valeur d'un denier... Quelques abbayes pouvaient se racheter et il y avait certaines immunités, mais en général tous les comestibles et la plupart des objets de première nécessité étaient soumis au péage du pont. Il y avait aussi un impôt de *chaussée* perçu sur les voitures, charrettes, bêtes de somme. Il y avait encore le *rouage* payé sur la vente des vins en gros (1), le *chantelage* payé sur celle des vins en détail (2), les marchandises chargées sur la Seine payaient le droit de *rivage* et le droit de *conduit*, lorsqu'elles étaient expédiées au delà des limites de Paris, à moins qu'elles ne fussent destinées à l'usage du clergé ou du seigneur.

Beaucoup d'ouvriers étaient obligés de payer le *hauban*, c'est-à-dire d'acheter du roi le droit d'exercer leur industrie, et ils obtenaient en échange la remise de certains impôts (3).

Le commerce des grains était soumis au *minage*, c'est-à-dire à l'impôt du mesurage ; la permission de fréquenter les marchés était payée au propriétaire foncier du sol à prix d'argent. Le droit de place dans les marchés parisiens était payé par le *hallage ;* on payait le *tonlieu* sur toutes les marchandises vendues au marché. Le droit de hallage était des plus productifs.

Des foires.

Le mouvement des affaires était surtout considérable aux foires de Saint-Ladre qui avaient lieu tous les ans

(1) *Livre des Métiers,* p. 295.
(2) *Ibid.,* p. 306.
(3) *Ibid.,* p. 297.

les 2 et 18 novembre (1). Alors le commerce cessait dans tous les autres quartiers, et il était même interdit à beaucoup d'industries de vendre leurs produits ailleurs que sous les halles (2). La foire de novembre, dite de Saint-Ladre, qui se tenait sous les halles, n'était pas la seule dans Paris; des établissements religieux et hospitaliers avaient également le privilége d'avoir des boutiques dans leur enceinte, et, pendant les quinze jours qui suivaient Pâques, se tenait la foire du faubourg Saint-Germain. En outre, pendant l'été, depuis la Saint-Barnabé jusqu'à la Saint-Jean, avait lieu dans la plaine de Saint-Denis, la plus considérable, comme la plus célèbre des foires, celle du *Landy* ou *Lendit*, qui avait été octroyée à l'abbaye de Saint-Denis par Louis VI. Ce fut dans le seizième siècle que la foire de Saint-Denis fut transportée de la plaine dans la ville de Saint-Denis, et plus tard à Paris, où elle perdit son importance. Parmi les soixante-quinze villes indiquées comme y étant représentées, on en remarque un certain nombre des Flandres : Gand, Ypres, Malines, Bruxelles, Louvain, Tournai, Valenciennes, Lille et Guibray (3). Dès cette époque, certains pays s'a-

(1) *Livre des Métiers*, p. 438.

(2) Dans l'ordonnance sur les droits de marché (*Livre des Métiers*, p. 442), les professions sont désignées; ce sont les épiciers, les merciers, les bouchers, les peaussiers, les marchands de cire et de savon, les selliers et les changeurs.

(3) J'ai vu, dans la charmante et patriarcale demeure de madame de la Fresnaye, à Falaise, une gravure représentant la foire de Guibray. On y voit figurer les rues des Almans, d'Alençon, de la Madeleine, de Rouen, de Paris, des Selliers, de la Quincaillerie, de la Fosse-aux-Thoilles; le marché aux Chevaux, le marché aux Bœufs; des faiseurs de tours attirent la foule devant leurs tréteaux, et, comme il faut joindre l'utile à l'agréable, on voit de nombreuses beuveries, où se désaltèrent les solides enfants de cette luxuriante Normandie. Le dessin, dû à Chauvin, est gravé par Cochin et dédié à M. le marquis de Thury et de la Motte-Harcourt, comte de Croisy, gouverneur de Falaise (1658). La foire se tient auprès des chapelles de Saint-Georges et de Notre-Dame de Guibray. (Bibl. nationale de Paris. Topographie de la France.

donnaient à des industries spéciales, ainsi que le montrent les règlements des corporations où l'on parle des toiles de Normandie, des laines d'Angleterre, des verres coloriés fournis par le Berri et le Limousin.

« A Paris étoient plus de 4,000 tavernes de vin, plus de 80,000 mendians, plus de 60,000 escrivains, item de escoliers et gens de métiers sans nombre.

« On mengeoit à Paris, chascune semaine, l'une parmy l'autre comptée, 4,000 moutons, 240 bœufs, 500 veaux, 200 pourceaux salés et 400 pourceaux non salés. Item, on y vendoit, chascun jour, 700 tonneaux de vin, dont le Roy avoit son quatrième, sauf le vin des escoliers et aultres qui n'en paioient pas. »

Malgré le nombre des marchands à Paris, les denrées y étaient toujours chères ; en 1200, un petit cochon de lait coûtait 5 sols, une oie, 8 deniers ; un setier de blé, 9 sols 8 deniers ; un millier d'oignons, 8 sols 10 deniers ; une paire de souliers, 2 sols ; 6 deniers (1).

En 1300, une livre de canelle, 9 sols 11 deniers ; une livre de riz, 6 deniers ; une livre de sucre, 4 sols ; un millier de pommes, 10 sols ; une vache, 1 livre 18 sols ; une livre de gingembre, 6 sols 7 deniers ; une journée d'un tailleur de pierres, près Paris, était payée 4 sols 6 deniers ; un maître charpentier, 9 sols ; le portier du château de Vincennes était payé, par jour, 3 sols ; un veau valait 13 sols, le passeur d'eau de Paris, lorsqu'il faisait traverser la Seine au roi Charles V, recevait 2 sols.

En 1400, une livre de sucre, 8 sols ; une vache, 2 livres

Calvados.)—Cette célèbre foire de Guibray durait primitivement un mois ; plus tard, quinze jours ; aujourd'hui, trois jours seulement consacrés à la vente des bestiaux, des chevaux, des cuirs, de la bonneterie. — Dans cette guerrière Normandie, auprès de la tour où naquit Guillaume le Conquérant, faut-il s'étonner si l'auberge la plus fréquentée de Guibray est encore à l'enseigne de Saint-Georges, anciennement sculpté dans la pierre ?

(1) Guillebert, de Metz. — *Description de Paris.*

8 sols ; un pourceau, 1 livre 6 sols ; un bœuf gras, 8 livres 16 sols.

En 1500, une livre de chandelles, 1 sol ; un cent de poires, 3 sols ; un cheval, 45 livres ; un agneau, 10 sols. Une ordonnance de Charles IX (20 janvier 1563) défend aux rôtisseurs de vendre un beau chapon plus de 6 sols un pigeon, 1 sol ; un lapin, 5 sols ; une perdrix, 4 sols ; une bécasse, 3 sols ; une caille, 1 sol 3 deniers.

En 1600, une alose, 3 livres ; une anguille, 1 livre 18 sols ; un fort brochet, 15 livres ; un cent d'escargots, 15 sols ; un cent de harengs frais, 6 livres ; un cent d'huîtres, 1 livre 18 sols.

En 1700, un panier de moules, 3 livres ; une morue fraîche, 2 livres ; un cent d'œufs, 4 livres ; une raie, 3 livres ; un grand turbot, 20 livres ; une livre de thon frais, 10 sols ; une livre de thon mariné, 1 livre 15 sols (1). La difficulté des transports, les péages, les droits des seigneurs, les vols sur les routes ne permettaient pas de transporter sûrement et à court délai, le poisson de mer.

Dans l'année catholique, il y a cent soixante-six jours maigres, aussi des édits autorisent et protégent-ils l'accès du poisson à Paris. (*Ord. de Saint-Louis*, 1254.)

Les lettres patentes du 27 février 1556 et 18 avril 1587 indemnisent les mareyeurs de leur poisson gâté en

(1) Voici le prix des denrées alimentaires à Paris pendant le siége soutenu contre les Prussiens (16 septembre 1870 — 28 janvier 1871). Jambon fumé (le kilogr.), 16 fr. ; saucisson de Lyon, 32 fr. ; viande de cheval, 2 fr. 50 c.; viande d'âne ou de mulet, 6 fr. Une oie, 80 fr. ; un poulet, 55 fr. ; une dinde, 90 fr. ; un lapin, 30 fr. ; une carpe, 20 fr. ; une friture de goujons, 6 fr.; une douzaine d'œufs, 24 fr. ; un chou, 1 fr. 50 c. ; un chou-fleur, 2 fr. 50 c.; une botte de carottes, 2 francs 25 c. ; une livre de haricots, 5 fr. ; une livre de beurre frais, 70 fr. ; un litre de lait, 2 fr. ; un décalitre de pommes de terre, 20 fr. ; un pied de céleri, 1 fr. 75 c. ; betterave (le kilogr.), 1 fr. 20 c.; huile d'olive (le kilogr.), 10 fr.

(*Chronique du siège de Paris*, 1870-1871. Lefèvre, imprimeur.)

route. Dans sa disgrâce, le Parlement lui-même fut mis au maigre; (1753) ordre royal qui prescrit aux mareyeurs de s'arrêter à Pontoise, pour y fournir du poisson au Parlement de Paris, qu'on y avait exilé.

Au mois d'août 1520, un banquet, offert par la ville d'Harfleur au roi François Ier, présenta le menu suivant: 15 douzaines de pains, à 2 sols la douzaine, 1 livre 10 sols; perdrix, canards, coqs, pluviers, chapons, 7 livres 15 sols; deux moutons, 1 livre 12 sols; quatre gigots de mouton, 10 sols; six tartes, 18 sols; huit livres de lard, 16 sols; une douzaine de verres à pied, 9 sols; cinquante-sept gallons de vin, 14 livres 15 sols; un poinchon de vin clairet d'Orléans, 8 livres. Total... 35 livres 15 sols.

CHAPITRE II

Le Livre des Métiers de Paris.

Le *Livre des Métiers de Paris* (1), commencé par Étienne Boileau, contient l'énumération des divers métiers et les ordonnances qui les régissent. La première partie renferme l'énumération des métiers suivants :

Titre I. Des Talmeliers qui sont dedans la banliue de Paris.

Titre II. Des Meuniers de Grant-Pont.

Titre III. Des Blactiers et des Vendeurs de toute autre manière de grains.

Titre IV. Des Mesureurs de blé et de toute autre manière de grains.

Titre V. Des Crieurs de Paris.

Titre VI. Des Jaugeurs.

Titre VII. Des Taverniers de Paris.

Titre VIII. Des Cervoisiers de Paris.

---

(1) *Règlements sur les arts et métiers de Paris*, rédigés au treizième siècle, ou *Livre des Métiers* d'Étienne Boileau, publié en entier par Depping. (Imprimerie Crapelet, 1837.)

Titre LXXXVII. Des Corroiers de Paris, de leur Vallès et de leurs Aprentis.

Titre LXXXVIII. Des Gantiers.

Titre LXXXIX. Des Feiniers.

Titre XC. Des Chapeliers de fleurs.

Titre XCI. Des Chapeliers de feutre de Paris.

Titre XCII. Des Chapeliers de coton de Paris.

Titre XCIII. Des Chapeliers de paon de Paris.

Titre XCIV. Des Fourreurs de chapeaus à Paris.

Titre XCV. Des Feserresses de chapiaux d'orfrois.

Titre XCVI. Des Forbères à Paris.

Titre XCVII. Des Archiers.

Titre XCVIII. Des Pescheeurs de l'eaue le Roy.

Titre XCIX. Des Poissonniers de eaue douce de Paris.

Titre C. De l'establissement du poisson de mer.

Le *Livre des Métiers* contient également les ordonnances qui les concernent, depuis 1270 jusqu'à 1300. Voici l'énumération des métiers dont les ordonnances sont rapportées :

1. Les Boulangers.
2. Les Oubliers.
3. Les Courtiers de vin.
4. Les Taverniers.
5. Les Mesureurs et Porteurs de sel.
6. Les Oyers et Cuisiniers.
7. Les Forcetiers.
8. Les Lormiers.
9. Les Espingliers.
10. Les Fourbisseurs.
11. Les Armuriers.
12. Les Maçons et les Charpentiers.
13. Les Huchers.
14. Les Escriniers.

15. Les Fileresses de soie.

16. Les Brodeurs.

17. Les Faiseuses d'aumônières sarrazinoises.

18. Les Courtepointiers.

19. Les Tisserands de toile.

20. Les Chavenassiers.

21. Les Tisserands de draps.

22. Les Foulons.

23. Les Teinturiers.

24. Les Faiseurs de tapis sarrazinois.

25. Les Faiseurs de tapis notrés.

26. Les Fripiers.

27. Les Tailleurs.

28. Les Mégissiers.

29. Les Gantiers.

30. Les Chirurgiens.

31. Les Bourreliers.

32. Les Courtiers de chevaux.

33. Les Bateliers.

34. Les Marchands de charbon, bois, tuiles et foins.

35. Les Métiers et Personnes qui jouissent de l'exemption du guet.

36. Les Droits de coutume à payer à Melun, Corbeil et Bourg-la-Reine.

37. La Franchise des habitans de Genevilliers.

38. Les Droits de coutume à paier sur le sel, le cuir à poil et le poisson.

39. La Taille du pain et du vin, dite la Ceinture de la reine.

40. Les Bourgs et Villages de la banlieue de Paris soumis à la taille du blé et du vin.

41. Les Produits du hallage de Paris.

42. Le Rôle des Métiers qui doivent vendre aux halles, le vendredi et le samedi.

43. Les Droits de la foire Saint-Ladre.

44. Les Droits de coutume affectés aux criages de Paris.

45. Le Rôle du péage de Montlhery.

46. Les Sentences de confiscation de marchandises, prononcées par le prévôt, pour contraventions aux priviléges des marchands de Paris.

Les Métiers de Paris et les Corporations.

Ce *Livre des Métiers* 1 d'Étienne Boileau répand une grande clarté sur les règlements et les rapports des corporations parisiennes... Étienne Boileau n'est pas le législateur de ces corporations ; son but est indiqué dans la préface de son livre : ayant remarqué que l'ignorance et l'esprit de fraude amenaient des débats dans les transactions commerciales, il chercha à y remédier en réunissant les usages de chaque profession, et en les publiant après les avoir fait déposer dans les archives de la prévôté. Ce n'est qu'après avoir consulté les gens de chaque corporation qu'il faisait rédiger le règlement, et le plus souvent il se contentait de relater le résultat de cette espèce d'enquête qu'il communiquait aux notables de la ville pour la rendre exécutoire. Ainsi, pour les charpentiers, un seul maître se présenta au nom de la corporation, M. Foulque du Temple, et ce fut sa déclaration qui servit de règle pour l'avenir ; encore pour les fondeurs de chandelles, les maîtres se réunirent, firent leurs rapports

---

(1) Le *Livre des métiers* d'Étienne Boileau était d'abord composé de trois parties. Dans la première figuraient les différents corps de métiers (en cent chapitres). Dans la deuxième, en 30 chapitres, les droits de douane et les impôts. La troisième, malheureusement perdue, énumérait et analysait les différentes juridictions auxquelles étaient soumises les corporations à Paris. L'éditeur Depping a remplacé cette partie par la série des corps de métiers de 1270 à 1300.

au prévôt et leurs propositions furent érigées en règlement.

..... Cependant, les énonciations des divers métiers suffiraient pour prouver qu'il ne faut pas seulement fixer l'organisation des corporations au règne de saint Louis; car, s'il est incontestable que la vie industrielle prit un grand essor à la suite des Croisades, et n'eut de base solide qu'après que le tiers État eut conquis des droits définis et eut pris une certaine importance dans l'État, il existe d'anciennes ordonnances, qui lèvent tout doute sur la réalité des priviléges donnés à certaines industries antérieurement à ce siècle. Ainsi une ordonnance de Louis VII, de 1162, fait mention des anciennes coutumes de la corporation des bouchers, et une charte de 1134 indique les étaux qu'ils avaient derrière le Châtelet, comme étant déjà anciens... Les drapiers formaient également une confrérie, dès le douzième siècle, et par suite on peut admettre qu'ils reconnurent, avec les boulangers et les bouchers, Philippe-Auguste comme législateur. Les fabricants de chandelles étaient pourvus de priviléges, dès le douzième siècle, et dans le treizième, d'autres villes que Paris, comme Bourges et Étampes, possédaient des ordonnances sur les corporations. Le travail d'Étienne Boileau n'est donc pas une innovation.

..... Les corporations ne se sont émancipées que successivement, et plus lentement encore que plusieurs autres classes de la nation; tout en luttant avec le pouvoir féodal, dont elles tendaient d'autant plus à s'affranchir qu'elles avaient en elles-mêmes une grande force d'existence indépendante, elles s'efforçaient de conserver dans leur sein, des règles d'ordre et d'hiérarchie, qui faisaient leur puissance, en même temps qu'elles étaient de sérieuses garanties. Il ne faut pas perdre de vue qu'au treizième siècle, l'industrie avait atteint déjà un haut

degré de perfectionnement, c'est ce qui explique le soin
pris par Étienne Boileau, de bien déterminer les limites
de chaque profession.

L'étude de son livre prouve encore combien on se préoc-
cupait de garantir les intérêts des pauvres, des veuves,
des orphelins, il suffit de citer, comme exemple, les assises
de Jérusalem, qui recommandaient les pauvres veuves
et les orphelins à la justice des seigneurs (1), ainsi que
les statuts locaux qui exemptaient les veuves d'impôts (2),
et permettaient d'opposer leur seul serment aux témoi-
gnages contraires ; on leur accordait à titre de douaire,
la moitié des biens de leur mari.

Les veuves pouvaient ordinairement continuer l'état
de leur mari, quelquefois même en cas de second
mariage ; mais alors il leur était interdit d'avoir un
apprenti ; les orphelins jouissaient de certaines facilités
pour s'instruire dans les métiers. Des mesures étaient
prises pour contre-balancer le monopole usuraire des
gros capitaux sur le marché, ainsi que pour favoriser la
création de véritables caisses d'épargne.

De l'observance du dimanche.

En règle générale, tous les métiers, les boulangers
eux-mêmes, devaient férier les dimanches et les jours de
fête, c'est-à-dire près du quart de l'année, et à Noël, le
travail était suspendu trois jours de suite ; mais pour
diminuer les inconvénients d'une règle aussi absolue,
on permettait la tenue d'un marché le dimanche, et on

____

(1) *Assises de Jérusalem*, chap. XVI : « Le seignor doit estre plus favorables
as veves et as orfenins en leur droit et en leurs raisons, que as autres genz. »
(2) *Ordonnances des rois*, V. 89 (Chart. de Noyon), XI, 224. — *Coutumier général*, III, 132.

autorisait les corporations à tenir un atelier de chaque
état ouvert, sauf aux divers maîtres à user de cette
faculté, à tour de rôle. C'est ainsi qu'on trouve dans les
statuts des orfévres des dispositions qui ne permettaient
qu'à un seul maître d'allumer ses fourneaux, le dimanche,
sous la condition que le gain entrerait dans une caisse
commune et serait affecté à fournir, tous les ans, le jour
de Pâques, un dîner aux pauvres de l'Hôtel-Dieu.

Approvisionnement des marchés.

L'approvisionnement des marchés était également soigneusement protégé. On ne pouvait arrêter sur la route
les produits du sol destinés à Paris ; ils devaient y être
amenés par le chemin le plus direct. Il était sévèrement
défendu d'aller au-devant des voitures, de vendre ou
d'acheter ailleurs que sur le marché public, et en général de s'entremettre secrètement dans les transactions (1).
Au marché, les bourgeois avaient le droit de préemption
sur les regrattiers, et ceux-ci ne devaient s'y présenter
qu'à des heures déterminées et qu'après que le bourgeois
avait fait ses approvisionnements.

Règlements particuliers de certains métiers et fonctionnaires dont ils relevaient.

C'est surtout dans la partie où les règlements s'occu-
pent de la constitution intérieure de chaque corporation,
qu'ils reflètent le temps où ils se formulaient, bien que

(1) Nous deffendons de par le roy que nulz sur peine de corps et d'avoir
ne aillent contre les vivres qui viennent en la ville de Paris. — Item que
tuit marchands forains meinent leurs marchandises tendre aux liens et aux
places accoutumées en·laquèle place que il mieulx leur plaira. — Ordonnance du prévôt Guillaume Thibault en 1299. V. le Viel livre rouge du Chas-
telet. — Cons. *Livre des Métiers*, p. LXV. 34, 176 et 179.

déjà plusieurs industries s'émancipassent, en levant plus
ou moins les barrières, qui en fermaient l'entrée à ceux
qui voulaient les exercer. Ainsi pour parvenir à la maîtrise, il suffisait dans plusieurs états de prouver qu'on
savait le métier, qu'on était en possession d'un fonds et
qu'on avait domicile réel à Paris. Dans d'autres on ren-
contre souvent des stipulations de ce genre : *Que le
maître fournira un bon et honnête travail ; qu'il sera
loyal et prud'homme et qu'il se conformera aux usages du métier ;* pour d'autres états on exige que les pos-
tulants achètent du roi le privilége industriel. Le roi et
même des seigneurs possédaient en effet à titre de privilége le droit de vendre certains métiers... Il ne faut pas
confondre ces concessions de priviléges avec la juridiction de discipline, exercée par plusieurs fonctionnaires
de la cour, tels que le grand panetier sur les boulangers.
Ces charges pouvaient être données et retirées arbitrairement par le roi, et leurs titulaires n'exerçaient guère
que des fonctions de police. Les chefs des corporations
n'étaient librement choisis qu'exceptionnellement ; en
général, c'était au prévôt qu'appartenait le droit de les
nommer et de les révoquer.

Les maîtres, pour se protéger, limitaient le nombre
des apprentis et prolongeaient généralement le temps de
l'apprentissage. Ils empêchaient ainsi le métier de s'avilir
par l'invasion d'ouvriers sans travail.

Rien n'indique dans le livre de Boileau si l'apprenti
pouvait, à la fin de son temps d'épreuve, immédiatement
se présenter pour acquérir la maîtrise, ou s'il devait travailler d'abord comme ouvrier. Une seule fois, à l'occasion des charpentiers, il y est parlé de l'hypothèse où
l'apprenti, se trouvant en état de faire son chef-d'œuvre,
doit être remplacé par un autre apprenti ou valet.

Mais si sur ce point les documents font défaut, il n'en

est pas de même des prescriptions concernant les priviléges ou les exemptions, dont jouissaient certaines industries, soit pour les heures de travail, soit pour le service du guet. Du reste, il n'était sorte de prétexte dont on ne se servît pour se soustraire à ce service, quelquefois même la mauvaise volonté se généralisait et devenait presque séditieuse; en 1271 plusieurs corporations furent punies pour s'être arbitrairement dérobées au service du guet.

Infractions aux règlements.

Malgré le soin apporté par Étienne Boileau il ne put arriver à atteindre son but, parce que les lois minutieuses ne sauraient empêcher les intérêts privés de chercher à en fausser les plus sages dispositions, et qu'il faut tenir compte de la rudesse des mœurs de l'époque. Ainsi, par exemple, le roi lui-même laissait violer à son profit, par ses gens, les règlements sur l'approvisionnement des marchés, et faisait enlever des voitures qui y conduisaient le blé et les poissons, sans que même les personnes spoliées pussent trouver justice (1).

Les divers métiers s'ingéniaient pour envahir sur la profession les uns des autres et sur les pouvoirs respectifs de leurs maîtrises, et à chaque instant les tribunaux retentissaient de leurs querelles.

Des Juifs.

La haine contre les Juifs ne s'affaiblit pas, ils étaient considérés comme une chose et comme propriété du fon-

____

(1) Olim, 1, p. 867, n° XXII. La décision de la *curia regalis* (de l'an 1270) fut contraire aux prétentions des marchands qui avaient porté plainte.

cier (1). Rentrés en France à la fin du douzième siècle, ils se maintinrent dans le royaume pendant tout le siècle suivant. Saint Louis les poursuivit avec le zèle d'un convertisseur ; et, alors même qu'ils renonçaient à la foi de leurs pères, ils demeuraient séparés des chrétiens pendant deux générations, sous le nom de *baptizati* (2). Ce roi leur imposa aussi un costume particulier, une grande cocarde jaune, large comme la main (rouelle), placée sur le dos, et une semblable sur la poitrine. Philippe III y ajouta une coiffure ridicule. On confirma en outre, non-seulement toutes les anciennes lois contre l'usure, mais encore un impôt spécial sur leurs personnes et sur les emblèmes du culte israélite. Ainsi, lorsque les Juifs passaient devant le bureau de l'octroi de Montlhéry, près Paris, et qu'ils portaient avec eux la lampe du sabbat ou le Talmud, ils étaient obligés de payer pour ces objets un droit particulier (3). Les Juifs, notamment ceux venus d'Angleterre et de Gascogne, furent de nouveau bannis en 1290.

Les corporations d'arts et de métiers s'organisèrent en France longtemps avant l'époque où leur existence s'attesta, d'une manière authentique, par les édits royaux destinés à les réglementer. Dans les anciennes chartes, elles sont souvent appelées, comme autrefois dans les lois romaines, des *Universités*. On disait : l'université des forgerons, l'université des tailleurs. C'est de là que, sans nul doute, vint à la corporation enseignante le nom que depuis elle rendit si glorieux. Elle fut, par excellence,

<hr>

(1) Olim, II, p. 304, n VI.

(2) Olim, III, p. 1033. *Arrêts du Parlement de Paris*, par Edgard Boutaric.

(3) Péage de Montlhéry, dans le *Livre des métiers*, p. 447. Item « Livre à Juifs qui ont aiz chacun livre iiij den. : le Juif pour son corps, obole ; s il porte lampe, il en doit obole. » — Voir aussi *Coutumes du Parlement de Metz*, par M⁰ Gabriel, avocat, 1788.

l'*Université* sans autre désignation ; de même que Rome se reconnaissait à ce seul mot *Urbs*, ce qui signifiait, pour elle, la première et la plus illustre entre toutes les cités.

L'intervention de l'autorité royale dans le régime des corporations fut à l'origine inspirée par le désir d'assurer la bonne confection des produits et la loyauté des transactions. Tel est en effet le motif donné par Étienne Boileau dans le préambule de son règlement :

« Pour ce que nous avons vu à Paris, en même rang moult déplaît et discontente par la déloyanelie qui est mère de plaig et différens convoitises qui gaste soi-même..... Notre intention est à enclaver en la première partie de cette œuvre tous les métiers de Paris....., et avons-nous fait pour le profit de tous..... et pour châtier ceux qui percevront de vilain gain ou, par non sens, les demandent ou prennent, contre Dieu, contre droit, et raison. »

Dans les corporations, l'apprenti et le compagnon étaient serfs de la boutique ou de l'atelier, comme les paysans étaient serfs de la glèbe. A Rome, la similitude avait été complète ; un droit de suite appartenait à la corporation sur les ouvriers qui parvenaient à s'échapper. Ceux-ci étaient vraiment des serfs de poursuite, selon l'appellation imaginée depuis par nos jurisconsultes féodaux (1). C'est en Angleterre que le système se montra le plus implacable. Tout ouvrier qui désertait, même quand il n'y avait pas d'ouvrage à lui donner, était puni de mort. L'inspecteur général de police, Roland de la Platrière, fait un récit navrant des excès auxquels conduisait cette absurde non moins qu'odieuse tyrannie :

« J'ai vu, dit-il, couper par morceaux, dans une seule

(1) En Amérique, des chiens ramènent au logis l'esclave fugitif ; on les nomme, à cause de leurs morsures terribles, chiens de sang !

matinée, quatre-vingts et jusqu'à cent pieds d'étoffes.
J'ai vu renouveler cette scène, chaque semaine, pendant
nombre d'années. J'ai vu confisquer des marchandises
avec amendes; j'en ai vu brûler en place publique les
jours de marché; j'en ai vu attacher au carcan avec le
nom du fabricant, et menace de l'y attacher lui-même, en
cas de récidive. J'ai vu tout cela à Rouen. Et pourquoi?
pour une matière inégale ou un tissage irrégulier, pour
quelque fil mal enchaîné, pour une couleur de faux teint,
quoique donnée pour telle. J'ai vu faire des descentes
chez des fabricants, avec une bande de satellites, boule-
verser leurs ateliers, répandre l'effroi dans leur famille,
couper les chaînes sur le métier, puis saisir, assigner,
confisquer, amender, etc. »

Réveillon, l'inventeur du papier peint, a raconté les
tracasseries que lui causèrent les communautés : « Plusieurs corps, dit-il, prétendaient tour à tour que j'enva-
hissais leur droit; le moindre outil que j'imaginais ou
que j'employais n'était plus à moi, c'était l'outil d'une
manufacture; la moindre idée que j'exécutais était un
vol fait aux imprimeurs, aux graveurs, aux tapissiers. »

Certains règlements excluaient les femmes des métiers
de leur sexe, tel que la broderie qu'elles ne pouvaient
exercer pour leur propre compte.

Lorsque le Parlement de Paris demanda contre Turgot,
le rapport de l'édit qui avait supprimé les communautés,
il fut contraint d'admettre du moins certaines réformes,
telles que suppression du corps des bouquetières, admis-
sion des femmes à la maîtrise, dans les métiers convena-
bles à leur sexe.

Plusieurs des nombreux procès qui éclatèrent entre
les communautés méritèrent les honneurs des recueils du
temps. Dans les seules années 1773, 1774, 1775, on

relève à la table du recueil de Desessarts les procès suivants :

*Les fabricants de baromètres contre les faïenciers
et émailleurs.*

*Le parasol disputé entre les boisseliers et les bour-
siers.*

*Les apothicaires ont-ils le droit d'empêcher les épi-
ciers de vendre des médicaments au public ?*

*Question d'état entre les coiffeurs de Rouen et les
perruquiers.*

Vers 1778, on vit surgir à Paris, un procès semblable
à celui de Rouen. Il y eut à cette occasion un curieux
mémoire rédigé pour les coiffeurs de dames de Paris, contre la communauté des maîtres barbiers, perruquiers,
baigneurs, étuvistes. Ce mémoire porte la signature de
Bigot de la Boissière, procureur, et de Joly de Fleury,
avocat général, qui attestait ainsi, selon l'usage d'alors,
la communication qu'il en avait reçue. Les demandeurs
n'étaient pas constitués en communauté, comme les coif-
feuses, bonnetières et enjoliveuses de Rouen, qui
avaient des statuts datant de 1478, et qui résistèrent
avec succès à la redoutable corporation des barbiers, perruquiers de Paris, voulant étendre son monopole sur la
France entière. Il est probable qu'ils succombèrent.

Turgot obtint, en février 1776, un édit supprimant les
corporations, mais le Parlement ne se décida à l'enregis-
trer que sur un lit de justice. « L'édit de suppression,
disait le premier président, va rompre au même instant
tous les liens de l'ordre établi, laisser sans règle et sans
frein une jeunesse turbulente et licencieuse, capable de
se porter à tous les excès, lorsqu'elle se croit indépendante. »

« Chaque fabricant, chaque ouvrier, s'écriait à son
tour l'avocat général Séguier, se regardera comme un

être isolé, libre de donner dans tous les écarts d'une imagination déréglée ; toute subordination sera détruite..... Ce sont ces gênes, ces entraves, ces prohibitions qui font la gloire, la sûreté et l'immensité du commerce de la France. »

La loi du 2 mars 1791 put seule mettre fin à toutes les révoltes contre l'abolition des maîtrises et jurandes.

A côté de ces *corporations ouvrières*, dont s'occupera exclusivement ce livre, nous devons signaler l'existence en France des *communautés agricoles fraternelles* (1), dont les associés se nommaient : *Compains, Partconniers, Frarescheux* (2). Ces communautés assuraient aux paysans l'aisance et le bonheur, leur dissolution amenait la ruine, pour ceux qui y avaient précédemment vécu dans l'abondance. Leur travail tournait, en effet, au grand profit de tous. Legrand d'Aussy, dans son *Voyage en Auvergne* (1788), parlant des communautés de ce pays, vouées à la coutellerie, écrit : « Tous travaillent en commun, pour la chose publique, logés et nourris ensemble, habillés et entretenus de la même manière et aux dépens du revenu général. Tout ce qui leur sert, tout ce qu'ils portent : linge, meubles, habits, chaussures, est fait par eux ou par leurs femmes. Faut-il construire un bâtiment, couvrir un toit, fabriquer des instruments d'agriculture, des tonneaux de vendange, ils n'ont recours à personne ; eux seuls remplissent les différents métiers qui leur sont nécessaires. »

Pour comprendre que l'humanité se répète partout, il

---

(1) Domus fraternitatis, dit le Polyptique d'Irminon.

(2) Beaumanoir explique que la compagnie se fait par manoir ensemble, à un pain et à un pot, un an et jours. — (Voir aussi Guy-Coquille.) — Bonnemère, *La commune agricole*. — Anton, *Histoire de l'agriculture en Allemagne*. — Le *Familistère dirigé à Guise* (Aisne), par M. Godin-Lemaire. (*Revue des Deux Mondes*, 1872.)

faut lire, méditer les remarquables travaux, publiés par
le savant Carle Wescher, sur les sociétés religieuses de la
Grèce (1). Leur organisation philanthropique, leur caractère mystique et religieux (2) font penser à nos sociétés
de secours mutuels, à nos institutions modernes de charité ; elles aussi s'alimentaient par des dons volontaires et
des cotisations régulières et personnelles. Les femmes y
étaient admises (3) ; les assemblées étaient secrètes, les
contrevenants au règlement, les perturbateurs étaient
punis de l'amende et de peines corporelles ; les dignitai-
res étaient tirés au sort et honorés de l'estime et des
honneurs publics, en sortant de charge.

Ces associations étaient sous l'invocation et le nom des
dieux qu'elles adoraient : Héliastes, Athénaïstes, Lin-
diastes, Atabyriastes, Xeniastes, Sotériastes, Diony-
siastes, Paniastes, Aphrodisiastes, Adoniastes, Agatho-
démoniastes, Héroïstes. Leurs règlements ne deman-
daient au récipiendaire que d'être *saint, pieux et bon*.

Cette réunion de triples qualités, auxquelles devait
s'ajouter la science professionnelle, n'était-elle pas, de
même, exigée en France des candidats qui se présentaient dans les diverses corporations ? Les artisans mar-
chaient sous la bannière de leur métier, dans les processions, vers les autels chargés de fleurs (4).

(1) Recherches épigraphiques en Grèce, dans l'Archipel et l'Asie-Mineure,
par Carle Wescher. — Inscriptions de l'île de Rhodes, de l'île de Théra. —
Découvertes au Pirée. (*Revue archéologique*, 1864-1865-1866. Didier, éditeur,
Paris.)

(2) Rhangabé. *Antiquités helléniques*.

(3) *Pro viris, pro mulieribus*.

(4) De même, aujourd'hui, dans les communautés d'usagers, en Suisse.
(Voir A. Heusler, professeur à l'Académie de Bâle.)

CHAPITRE III

Table des pièces contenues dans les livres du Châtelet,
rangées selon l'ordre chronologique.

Les livres du Châtelet sont peu connus des gens de lettres
et des jurisconsultes, ce qui rend les ouvrages des uns et
des autres, peu exacts par rapport aux matières auxquelles ces livres peuvent fournir des éclaircissements; et il
est certain qu'on ne peut faire une bonne histoire de
Paris, ni un recueil complet des lettres royales, sans en
avoir une parfaite connaissance. Un auteur moderne (le
commissaire de la Mare) (1), qui les connaissait fort
bien. en a tiré quantité de pièces curieuses, qui sont un
des principaux ornements de son traité.

Ces livres se divisent en deux classes principales, l'une
comprend les livres de la chambre du procureur du roi,
l'autre comprend les Bannières ʽ2ʼ.

Les livres de la chambre du procureur du roi s'appel-
lent ainsi, parce qu'ils ont été la plupart dressés par les
soins de ces magistrats et pour leur usage, et qu'ils

(1) *Bibl. nationale de Paris.* — Manuscrits de De la Mare. (Commerce. —
Industrie. — Arts et métiers.)
ʽ2 Bordier. *Archives de la France*, 1855.

étaient conservés dans leur chambre au Châtelet. Autrefois, le plus grand nombre de ces livres se trouvait chez M. le lieutenant civil, qui se proposait de les mettre en dépôt au Châtelet et de les donner en garde à l'un des greffiers de cette juridiction.

Les registres des Bannières sont ainsi nommés, du mot ancien *bannir*, qui signifie publier; ils étaient en la garde et possession du greffier des insinuations laïques du Châtelet. Et cet office ayant été supprimé, par édit du mois de décembre 1703, ils sont restés chez Me Garnier, avocat, dernier pourvu de cet office, jusqu'en l'année 1745, que les greffiers du Châtelet les ont fait revenir dans leur dépôt.

On compte dix-huit volumes de la chambre du procureur du roi, qui ont tous leur nom particulier, tiré de la couleur de leur couverture, à quoi l'on a ajouté les termes de nouveau, de grand ou de petit, de premier, de second, etc.

Les magistrats qui ont formé ces registres, par succession de temps pour leur usage, n'y ont souvent fait transcrire les pièces qu'ils renferment, qu'à l'occasion des affaires qui se présentaient à juger, et dont les titres leur passaient par les mains, lors des communications qu'on est obligé de leur faire pour avoir leurs conclusions, ce qui est absolument nécessaire, dans toutes les affaires qui intéressent l'Église, les mineurs, et le public; c'est ce qui fait que l'ordre des temps et des matières n'y est pas observé. C'est pour remédier à cet inconvénient qu'on a adopté l'ordre chronologique, dans le recueil dont s'agit.

Livre blanc ou livre des métiers. — Nous connaissons quatre manuscrits de ce registre, savoir:

1° Celui de la Chambre des comptes qui a péri dans l'incendie du 27 octobre 1737;

2° Celui du Châtelet qui fut déposé dans la bibliothèque de M. le procureur général Joly de Fleury (père) ;

3° Celui de la bibliothèque de Sorbonne.

4° Et celui de la bibliothèque de M. Le Clerc du Brillet. MM. Secousse et Le Clerc du Brillet, ayant réuni ces différents manuscrits, les ont examinés pour savoir quels étaient l'autographe et l'original, auxquels on devait attribuer le plus d'autorité ; et ces messieurs ont décidé que c'était le manuscrit de la Chambre des comptes, malheureusement ce manuscrit a péri, dans l'incendie du 27 octobre 1737.

Ce manuscrit était un gros tome, divisé en deux volumes, c'est-à-dire que le chiffre des feuillets recommençait, et partageait ce tome en deux portions, dont la première était plus considérable que l'autre.

Le premier volume contenait la première et principale portion et la première partie du célèbre règlement, dressé par Étienne Boileau, prévôt de Paris, vers l'an 1258, sous le règne de saint Louis, avec un grand nombre de règlements postérieurs, interpolés dans les endroits auxquels ils avaient rapport.

Le second volume contenait le reste de la première partie et la seconde, avec des règlements postérieurs, interpolés comme dans le premier volume.

Le manuscrit du Châtelet contient dans ce qu'on appelle le premier volume des métiers, presque autant de pièces qu'il y en avait dans les deux volumes du manuscrit de la Chambre des comptes ; on y trouve les différentes parties du règlement d'Étienne Boileau, avec un grand nombre de règlements antérieurs interpolés. A la fin, il y a plusieurs titres concernant les justices seigneuriales et subalternes de Paris, qui, selon l'extrait que l'on a du manuscrit de la Chambre des comptes, paraissent n'y avoir pas été comprises.

Le manuscrit de la bibliothèque de M. le procureur général paraît semblable au livre des métiers du Châtelet.

M. Le Clerc du Brillet assure que le manuscrit de Sorbonne est à peu près semblable à celui qu'il a dans sa bibliothèque.

Le manuscrit de M. Le Clerc du Brillet a quarante ou cinquante pièces de moins que celui de M. le procureur général et douze ou quinze de moins que celui de la Sorbonne ; ce qu'il a de particulier, c'est que les statuts des arts et métiers, qui composent la première partie du règlement d'Étienne Boileau, y sont rangés selon l'ordre alphabétique. On le juge du quatorzième siècle. Il est celui dont les dates des pièces finissent le plus tôt. Celui de la Sorbonne en contient qui vont jusqu'en 1359 ; celui de M. le procureur général va jusqu'en 1382 ; celui du Châtelet, jusqu'en 1444 et celui de la Chambre des comptes, jusqu'en 1492.

Premier livre vert vieil. — Ce registre contient des pièces depuis l'an 1134 jusqu'en 1467 ; plusieurs pièces de ce registre sont transcrites, dans un manuscrit de la bibliothèque de l'abbaye Saint-Victor, coté 568, depuis le folio 521 jusqu'au folio 609.

Livre rouge troisième. (Il est à la bibliothèque Nationale, n° 9,350 et au-dessous A. 38.) — Ce registre devrait être nommé Livre rouge premier, par rapport aux dates des pièces les plus anciennes et les plus modernes qu'il contient, il y en a depuis l'an 1138 jusqu'en 1473.

Petit cahier. — Les vingt-six premiers feuillets de ce registre manquaient, lorsqu'on en a dressé l'extrait dont j'ai eu communication ; présentement, on le dit entièrement perdu ; les pièces que l'on y trouvait, selon cet extrait, commençaient en 1366 et finissaient en 1473.

Second volume des métiers. — Était au Châtelet. —

Ce registre est tout différent du second volume du livre des métiers de la Chambre des comptes. On y trouve des pièces de 1159 à 1483.

Livre blanc petit. — Ce registre contient des pièces de 1115 à 1485; plusieurs de ces pièces sont transcrites dans un manuscrit de la bibliothèque de l'abbaye Saint-Victor, du folio 167 au folio 278.

Livre jaune petit. — Ce registre renferme des pièces de 1278 à 1493.

Livre vert neuf.— Ce registre, dont l'original était dans la bibliothèque de M. Le Clerc du Brillet, contient des pièces de 1174 à 1500, plusieurs de ces pièces sont transcrites dans un manuscrit de la bibliothèque de l'abbaye Saint-Victor, coté 568, du folio 609 au folio 670 et dernier.

Livre rouge vieil. — Ce registre, dont l'original était dans la bibliothèque de M. Le Clerc du Brillet, contient des pièces de 1141 à 1516; plusieurs de ces pièces sont transcrites dans un manuscrit de la bibliothèque de l'abbaye Saint-Victor coté 568, du folio 278 au folio 521.

Livre noir. — Ce registre dont l'original est dans la bibliothèque de M. Chauvelin, président à mortier, ci-devant garde des sceaux, contient des pièces de 1124 à 1531, dont plusieurs sont transcrites dans un manuscrit de la bibliothèque de l'abbaye Saint-Victor, coté 568, du folio 1 au folio 92 et du folio 92 au folio 167.

Second livre vert vieil. — Ce registre contient des pièces de 1237 à 1531.

Livre rouge neuf. — Ce registre contient des pièces de 1330 à 1531.

Grand livre jaune. — Ce registre contient des pièces de 1309 à 1559.

Livre vert ancien. — Ce registre contient des pièces de 1169 à 1563.

Livre noir neuf. — Ce registre contient des pièces de 1412 à 1583. On dit qu'il est perdu.

Cahier neuf. — Ce registre contient des pièces de 1538 à 1586.

Livre bleu. — Ce registre contient des pièces de 1085 à 1595.

Livre gris. — Ce registre dont l'original était dans la bibliothèque de M. Le Clerc du Brillet, contient des pièces de 1259 à 1523.

Bannières. — Les registres des Bannières ont commencé à être tenus en 1467, mais ils contiennent un grand nombre de pièces plus anciennes à compter de 1290.

Le 1er volume finit en 1514. — Le 2e en 1531. On l'appelle aussi livre neuf. — Le 3e en 1542. — Le 4e en 1547. Il est perdu. — Le 5e en 1557. — Le 6e en 1564. — Le 7e en 1571. — Le 8e en 1601. Il est perdu. M. Garnier prétend qu'il a été supprimé par ordre du roi, à cause des pièces qui concernaient la ligue. M. de Bullion, deuxième du nom, prévôt de Paris, dit dans sa réponse au mémoire des officiers du Châtelet, page 42, qu'il n'a disparu que depuis 1685, temps où M. le marquis de Bullion son père, prétendit contre le lieutenant civil, avoir droit d'opiner au Châtelet. L'extrait de ce volume se trouve aussi dans le répertoire manuscrit qui est chez M. Le Clerc du Brillet. Il y a lieu de penser que ce répertoire n'a passé dans la bibliothèque de M. le commissaire de La Mare, acquise par M. Le Clerc du Brillet, que par le canal de M. de La Reynie, qui avait fait faire ce répertoire depuis 1664 probablement, époque où il fut lieutenant de police. — Le 9e volume finit en 1609. — Le 10e en 1620. — Le 11e en 1628. — Le 12e en 1664. — Le 13e doit aller jusqu'en 1703, époque de la suppression de l'office de greffier des insinuations laïques.

Les extraits des cinq derniers volumes ne sont pas entiers.

Outre ces registres de la Chambre du procureur du roi et des bannières, il y a encore quelques registres du Châtelet qui ont une égale autorité, tels sont le registre de la Chambre criminelle, le livre intitulé *Doulx Sire* et quelques autres (1).

Livre de la Chambre criminelle. — Ce registre contient des pièces de 1410 à 1618. Il a probablement commencé à être tenu peu après que les matières criminelles ont eu leurs magistrats particuliers, créés en titre d'office, c'est-à-dire, en 1498, par l'ordonnance de Blois. Les pièces antérieures à cette époque n'y figurent que par rapport à quelque circonstance de temps, fort postérieure à leur date.

Livre intitulé Doulx sire. — Ce registre, dont l'original est à la bibliothèque nationale, contient des pièces de 1300 à 1483. Ce Doulx Sire était un greffier du Châtelet qui vivait vers l'an 1430, comme il paraît par un règlement du 14 juin 1429, imprimé dans le chartrier des notaires, page 277, édition de 1663.

Ce registre est, selon toute apparence, une collection de règlements qu'il avait faite, pour son usage particulier.

Registres du Châtelet qui étaient dans la bibliothèque de M. le chancelier Séguier : — ces registres ont passé après le décès de M. le chancelier Séguier, dans la bibliothèque de M. le duc de Coislin, évêque de Metz, et de cette dernière dans celle de l'abbaye Saint-Germain-des-Prés, à qui ce seigneur l'a léguée.

Registres du Châtelet qui étaient dans la bibliothèque de M. Colbert et dans celle de M. l'abbé de Louvois : — le

____

(1) *Le Châtelet de Paris*, Didier, éditeur, à Paris.

registre du Châtelet que M. le commissaire de la Mare eut comme étant dans la bibliothèque de M. Colbert, doit être présentement rue Richelieu, ainsi que ceux qui étaient dans la bibliothèque de M. l'abbé de Louvois.

Registres et livres du Châtelet, suivant l'avertissement placé à la tête du 1er volume du Répertoire chronologique (1). (Cet avertissement a été fait avant 1745.) — Les notes et corrections faites en 1745 et depuis.

PREMIER CATALOGUE.

PREMIÈRE CLASSE. — *Les livres de la Chambre du procureur du roi.*

1. Livre blanc ou livre des métiers.
   1258-1490. 1° Le manuscrit de la Chambre des comptes, qui a péri dans l'incendie du 27 octobre 1737.
   ...-1382. 2° Le Ms du Châtelet ou de M. le procureur général (qui l'a acquis de la succession de M. Baluze).
   1188-1366. 3° Le Ms de Sorbonne.
   558-1394. 4° Le Ms de M. Le Clerc du Brillet. (M. Abeille.)
2. Premier livre vert vieil, 1134-1467. En partie saint Victor, manuscrit 568, fol. 521.
3. Livre rouge 3e, 1138-1473. Original Bib. roy., 9,350, *a* 38.
4. Petit cahier (imparfait), 1366-1473. On le dit perdu. (Les 26 premiers feuillets manquaient lors de l'extrait.)
5. 2e vol. des métiers étant au Châtelet, 1159-1483. Tout différent du 2e livre des métiers de la Chambre des comptes.

(1) Bibl. nationale de Paris. — *Répertoire chronologique des livres du Châtelet*, manuscrits Fr. 8054.

6. Livre blanc petit, 1115-1485. En partie Ms S. V.,
   fol. 167.
7. Livre jaune petit, 1278-1493. Ms de M. Secousse.
8. Livre vert neuf, 1179-1500. Original M. Le Clerc du
   Brillet. En partie S. V., fol. 609. (M. Abeille.)
9. Livre rouge vieil, 1141-1516. Original M. Le Clerc
   du Brillet. En partie S. V., fol. 278. (M. Abeille.)
10. Livre noir, 1124-1531. Original Bib. Chauvelin. En
    partie S. V., ff. 1 et 92. (On ne l'a pas trouvé.)
11. 2e livre vert vieil, 1237-1531.
12. Livre rouge neuf, 1330-1531.
13. Grand livre jaune, 1309-1559.
14. Livre vert ancien, 1169-1563.
15. Livre noir neuf, 1412-1583. (On le dit perdu.)
16. 2e cahier neuf, 1538-1586.
17. Livre bleu, 1085-1595.
18. Livre gris, 1259-1523. (Le livre gris devrait être
    placé après l'art. 9) Original Ms de M. Le Clerc de
    Brillet. (M. Abeille.)

SECONDE CLASSE. — *Les registres des Bannières. (Ils ont commencé à être
tenus en 1467; il s'y trouve des pièces qui remontent à 1290.)*

19. 1er volume (finit), 1519.
20. 2e vol. (*autem*, livre neuf), 1531.
21. 3 vol., 1542.
22. 4 vol., 1547.
23. 5e vol., 1557. (On le dit perdu.)
24. 6e vol., 1564.
25. 7 vol., 1571.
26. 8 vol., 1601. On le dit perdu.
27. 9 vol., 1609.
28. 10 vol., 1620.
29. 11 vol., 1628.
30. 12 vol., 1664.

31. 13ᵉ vol. doit aller jusqu'à 1703, époque de la suppression de l'office de greffier des insinuations laïques. — Les extraits 27, 28, 29, 30 et 31 ne sont
pas entiers.

Autres registres du Châtelet.

32. Le livre de la Chambre criminelle, 1410-1618.
33. Le livre intitulé Doulx-Sire, 1300-1483. (Original
Bib. N., 133, 9,350, A 39. Paraît venir de l'abbé
de Louvois.)

Articles ou registres différents.

Registres du Châtelet de la bibliothèque de Séguier,
puis Coislin, puis Saint-Germain des Prés. Celui de la
bibliothèque de Colbert cité par de La Mare. Ceux de la
bibliothèque de l'abbé de Louvois. (Non communiqués
en 1745.)

Ce premier catalogue contient un article de moins que
le second, savoir : le volume des Bannières, *Nouveau
Châtelet*, et deux articles de moins que le troisième, savoir : le susdit volume et le *Grand Livre* blanc (ou
bleu).

SECOND CATALOGUE.

*Registres du Châtelet suivant la table des pièces sans dates ou dont les
dates ont été omises, qui est à la fin du 2ᵉ volume du répertoire chronologique des registres du Châtelet.*

1. Livre des métiers de la Chambre des comptes.
Livre des métiers du Châtelet.
Livre des métiers de M. le procureur général.
Livre des métiers de la Sorbonne.
Livre des métiers de M. Le Clerc du Brillet.
2. 1ᵉʳ livre vert vieil.

3. Livre rouge 3ᵉ.
4. Petit cahier.
5. 2ᵉ vol. des métiers du Châtelet.
6. Livre blanc petit.
7. Livre jaune petit.
8. Livre vert neuf.
9. Livre rouge vieil.
10. Livre noir.
11. 2ᵉ livre vert vieil.
12. Livre rouge neuf.
13. Grand livre jaune.
14. Livre vert ancien.
15. 2ᵉ cahier neuf.
16. Livre bleu.
17. Livre gris.

Bannières.

18 à 30. Formant 13 volumes : un par numéro.
31. Volume unique des bannières pour le nouveau Châ-
    telet.
32. Livre de la Chambre criminelle.
33. Livre intitulé : Doulx-Sire.

Articles ou registres différents.

Le deuxième catalogue contient un article de moins
et un article de plus que le premier. L'article de moins
est le *Livre noir neuf.* L'article de plus est le volume
des *Bannières du nouveau Châtelet.* Il contient deux
articles de moins que le troisième, savoir : le volume
des *Bannières du nouveau Châtelet*, et un registre
intitulé : le *Grand Livre blanc.*

TROISIÈME CATALOGUE.

Registres ou livres du Châtelet suivant la table des pièces, sans date, à la fin du troisième volume du répertoire chronologique des livres du Châtelet.

1. Livre des métiers de la Chambre des comptes.
   —   —   de Sorbonne.
   —   —   de M. Joly de Fleury.
   —   —   de M. Le Clerc du Brillet. (Époques tirées de la majeure partie des pièces qui sont dans ces livres : 1258-1371.)
2. Grand Livre blanc (sans date).
3. Livre vert ancien, 1366-1397.
4. Livre rouge vieil, 1355-1408.
5. Livre vert vieil premier, 1409-1420.
6. Livre noir, 1411-1438.
7. Livre vert vieil second, 1435-1461.
8. Livre blanc petit, 1367-1470.
9. Livre rouge troisième, 1424-1473.
10. Petit cahier, 1467-1473.
11. Second livre des métiers, 1308-1483.
12. Registre intitulé : Doulx-Sire, 1376-1483.
13. Livre jaune petit, 1483-1489.
14. Livre vert neuf, 1479-1491.
15. Livre bleu, 1483-1500.
16. 1er vol. des Bannières, 1467-1514.
17. Livre gris, 1500-1531.
18. 2e vol. des Bannières.
19. Livre rouge neuf.
20. 3e vol. des Bannières, 1532-1541.
21. 4e vol. des Bannières, 1542-1547.
22. Grand livre jaune, 1532-1549.
23. 5e vol. des Bannières, 1547-1556.

24. 6e vol. des Bannières, 1557-1564.
25. 7e vol. des Bannières, 1565-1571.
26. Second cahier neuf, 1550-1572.
27. 8e vol. des Bannières, 1571-1600.
28. Livre noir neuf, 1572-1604.
29. 9e vol. des Bannières, 1601-1609.
30. Livre de la Chambre criminelle, 1539-1618.
31. 10e vol. des Bannières, 1609-1619.
32. 11e vol. des Bannières.
33. 12e vol. des Bannières, 1609-1664.
34. 13e vol. des Bannières, 1664-1702.
35. Volume des Bannières du nouveau Châtelet (1636),
    1679-1684.

35 articles ou registres différents.

NOTA. — 1° Ce catalogue contient deux articles de plus que celui du premier volume, savoir : le volume des *Bannières du nouveau Châtelet*, et un registre intitulé le *Grand Livre blanc*, dont il paraît que l'on n'a point fait usage, parce qu'aucune des pièces qu'il contient n'était datée dans l'extrait ou table, dont on s'est servi.

2° Ce catalogue contient aussi deux articles de plus que celui du deuxième volume, savoir : le *Grand Livre blanc*, dont on vient de parler, et le *Livre noir*, dont il n'est pas fait mention dans le catalogue de la fin du deuxième volume.

3° L'auteur du Répertoire chronique n'a point distingué les articles de ce catalogue par classes, mais il les a voulu ranger suivant leurs dates. Ces dates sont la plupart différentes de celles du premier catalogue, mais l'auteur a averti que *ces époques étaient seulement tirées de la majeure partie des pièces contenues dans ces livres*. Ainsi, il faut s'en rapporter plutôt aux dates du premier catalogue.

*Observations sur le répertoire chronique des livres du Châtelet, en
3 volumes in-folio : le 1er, de 558 à 1501 ; le 2e, de 1501 à 1674
(male 1603); le 3e, de 1603 à 1703.*

Ce répertoire a été dressé d'après une copie d'un répertoire des livres du Châtelet, laquelle appartenait à
M. Le Clerc du Brillet. Il n'a donc point été fait d'après
les originaux ; l'auteur en convient, et reconnaît que
son ouvrage aurait été meilleur, s'il eût pu en avoir communication. Il ajoute qu'ayant eu occasion depuis de
faire usage des originaux du Livre rouge vieil, du Livre
vert neuf et du Livre gris, les additions et corrections,
que lui ont fournies ces originaux, lui font présumer
que les originaux des autres livres lui en fourniraient
de pareilles.

Outre la copie du répertoire des livres du Châtelet,
laquelle appartient à M. Le Clerc du Brillet, et sur laquelle cette table chronologique a été dressée, il y en a
une autre dans la bibliothèque de M. le président de
Meinières.

Autres registres du Châtelet.

Liasse 1405-1471. Registre de la Chambre civile, qui
avait passé à Coudray, greffier, et
qui, depuis, a été porté au dépôt
commun.

Registre de police, commençant en
1525 et finissant en 1531.

Liasse 22 mars 1599, peu après le 11 janvier 1602 (fin).

Registres du juré-crieur, étant au
dépôt du Châtelet.

Rolle des publications à son de trompe,

par Simon Le Duc, juré-crieur, S.
J.-B. 1629-30, et S. J.-B. 1634-35.
Registre du juré-crieur, 23 juin 1635,
22 juin 1639, appartenant à M. Le
Clerc du Brillet.
Registre du juré-crieur, 2 juill. 1639,
20 décembre 1642. M. Le Clerc du
Brillet.
Au dépôt de la police : 14 volumes des registres du juré-
crieur, 1651-1745.

CHAPITRE IV

Registres du Châtelet (Pièces y énoncées sans indication de dates).

Livre des Métiers de la Chambre des Comptes.

Des fours, — des couteliers, — des braelliers de fil, — des poulaillers, — des estuveurs, — des potiers de terre, — des hautes halles neuves aux merciers, — du poids le Roi, — des lormiers, — des cordonniers, — des çavetiers, — ampliation des statuts des mégissiers, — métiers qui doivent aller aux halles, les vendredis et samedis, — taille du pain et du vin, dite de la Ceinture de la Royne, — croisée de Paris, — droits du bourreau, — droits du chambrier de France, — boîte au vin, — défense du jeu de dés.

Livre des Métiers du Châtelet.

Des boulangers, — ordonnance concernant le foin, — des cavetiers, — ordonnance concernant les oyers, — ordonnance concernant les brayeliers de fil.

Livre des Métiers de monseigneur le Procureur général.

Des aumussiers faiseurs de barettes, gants et bonnets de laine, — des peigniers et lanterniers, — des fripières-lingères qui vendent sous les halles neuves, — des foigniers, — des liniers dehors Paris, — des huchiers, — des tailleurs de robes, — des braelliers de fil, — des jaugeurs de vin, — des tapissiers de tapis sarrazinois, — défense du jeu de dés, — des çavetiers, — des tuiliers, — des meuniers du Grand-Pont, — priviléges de l'Université, — des tapissiers de tapis sarrazinois, — lettres de privilége pour l'Université, — lettres patentes concernant Saint-Germain des Prés, — de l'hôpital Saint-Ladre et de la foire Saint-Laurent, — accord touchant la terre de Saint-Merri.

Livre des Métiers de la Sorbonne.

Lettres patentes concernant les potiers de terre, — statuts des fourniers, — des corroyeurs, — statuts des chapeliers de coton, — statuts des cristalliers.

Livre des Métiers de M. Le Clerc du Brillet.

1223 ou 1225, des fours, — addition aux statuts des guaisniers (juin 1234), — sentence rendue par Guillaume de Rome, auditeur du Châtelet, entre les liniers de Paris et les forains (*après la Sainte-Luce*, 1302), — addition aux statuts des meuniers du Grand-Pont, — addition aux statuts des peigniers de corne et d'yvoire, — acte passé devant notaires, contenant les statuts des selliers en 1303, — ordonnance sur la taille, — note concernant l'Université, lundi avant la Saint-Jean 1251, — mandement du Roi adressé au Prévôt de Paris, sur les monnoies, — métiers qui ne doivent pas le guet, si comme ils dient, — état des personnes qui sont franches du guet, — état des personnes qui reçoivent le guet, hors la main du Roi, — état des terres franches et des encloîtres des églises de Paris, — statuts de la geôle du Châtelet (1), — état des aumônes du Roi, — différents tarifs concernant les monnoyes.

Premier livre vert vieil (aux Archives nationales).

Du grand bouteiller et du grand pannetier de France.

Livre rouge troisième (Bibliothèque nationale, manuscr. Fr.).

Boîte au poisson de mer, — des halles, — coutume des cuirs à poil, — coutume du poisson de mer, — foire Saint-Ladre, — du botage, — foire Saint-Germain, — arrêt du Parlement concernant la juridiction du Prévôt des marchands.

Petit cahier.

Ordonnance des tailleurs de robes, — défense aux bouchers de mêler dans leur suif, du suif de tripes, ni d'autres mauvaises graisses, de souffler, ni de piquer aucune chair de veaux ou moutons, — cri qui se fait ordinairement dans le parvis de Notre-Dame, le jeudi absolu, touchant la police de la vente des lards, — défense de se baigner en la rivière de Seine, — monnoyes, — cri ordinaire pour la foire du Lendit, — défense de vendre le pain plus haut d'un denier, — cri accoutumé d'être fait, chacun an, à Fontenay et à Clamart, — défenses de jeter aucunes eaux dans la rue, — cri ordinaire pour la foire de Saint-Laurent, — citation du capitaine de la Bastille, — addition aux ordonnances des fèvres, maréchaux, concernant l'élection de leurs jurés, et le rapport des contraventions qui doit se faire devant le Procureur du Roi.

(1) *Le Châtelet de Paris*, p. 304. Didier, éditeur. Paris, 1863.

Second volume des Métiers du Châtelet (*Bibl. nat., manuscr. saint Victor*, 567).

Droits du bourreau de Paris, — ordonnance pour les chapeliers de feutre, — ordonnance des talmeliers, présentement nommés boulangers, — lettres patentes pour les talmeliers, — ordonnance des cordiers, — ordonnance des potiers d'étain, — ordonnance des tapissiers, — ordonnance des lasceurs de fil et de soie, — ordonnance des faiseurs de tissus de soie, — taxe faite aux estuveurs, — ordonnance des orfévres, — ordonnance des baudroyeurs, — ordonnance des corroyeurs, — ordonnance des lampiers et faiseurs de chandeliers de cuivre, — ordonnance des fèvres, maréchaux, grossiers, heaumiers, — ordonnance des fèvres couteliers, — ordonnance des couteliers, faiseurs de manches à couteaux, de peignes d'ivoire et emmanchures de couteaux, — ordonnance de police pour la fontaine des Saints-Innocents, — ordonnance sur le poisson d'eau douce, — des chauciées, — du tonlieu du vin et des tonneaux vides, — coutume du sel, — péage du Petit-Pont, — du liage, — anciens statuts des chandeliers de suif, — ordonnance pour les drapiers et tisserands de drap, — anciens statuts des serruriers, — anciens statuts des haubergers, — ordonnance des drapiers, — dénombrement des métiers qui doivent le guet ordinaire de nuit.

Livre blanc petit (*Bibl. nat., man. saint Victor*, 387-567).

De la pesche et de la chasse, — des droits de souveraineté du Roi et principalement du droit de justice, — ordonnance concernant les mortemains et les formariages, — état du domaine du Roi, — cri concernant les bateliers, — ordonnance de police sur les fontaines publiques, — de la ferme du hallage, — mémoire donné par le Procureur du Roi sur les marchandises de pelleterie, — défense de vendre vivres et denrées, sinon aux halles, — charte concernant l'Église de Paris, — droits du bouteiller de France, — du fief de Joigny près les halles, — règlement pour les bouchers, — article 16 d'un règlement sur la marée, — droit de hallage en la halle à la graisse, — de la juridiction de l'archidiacre, — de la justice du chapitre et l'Église de Paris.

Livre jaune petit (Bibl. nat., man. Fr.).

Sentence du Châtelet concernant les varlets couturiers, — arrêt du Conseil concernant les vanniers, quinquaillers et les tourneurs en bois, — statuts des guaisniers, — lettres patentes, confirmatives de celles du mois de janvier 1446, concernant les tailleurs d'habits, — addition aux statuts des menuisiers, — règlement entre les tisserands de langes et les cardeurs.

Livre vert neuf (Bibl. nat., man. Sorbonne, cart. 10).

Ordonnance défendant de faire de la bière, — rang du recteur de l'Université aux pompes funèbres des rois de France, — rôle des censives dues au Roi au village de Chatou, — cérémonie du sacre d'une reine de France, — des amortissements.

Livre rouge vieil.

Commission pour la recherche des financiers, — serment de fidélité des évêques, — des draps de Louviers, — règlement pour les cabaretiers et hôteliers, — droits du connétable de France, — ordonnance de police con-

cernant les taverniers, hôteliers et cervoisiers, — confirmation de la confrérie des drapiers, — département
des sergens du Châtelet, pour contraindre les bourgeois
de Paris au nettoiement, lequel fait mention de plusieurs
antiquités, — ordonnance de police pour les bains et
pour prévenir les incendies, — d'une chapelle qui est
dans l'abbaye Saint-Germain, — de la croisée de Paris.

Livre noir.

Taille du pain et du vin, dite Ceinture la Reine, — droits
des chambriers de France, — des marchands de Melun
et de Corbeil, — ordonnance du Parlement sur le foin,
— des baux des fermes, — des fermes du Domaine, —
des juges royaux, — arrêt du Parlement concernant les
justices seigneuriales, — liste des dix-sept métiers qui
doivent le guet, — règlement des statuts des pâtissiers,
— ordonnance de police pour l'observation des fêtes, —
défense d'aller couper les blés aux environs de Paris, —
ordonnance de police pour les gens de journée travaillant aux champs, — ordonnance de police concernant les
boulangers, — ordonnance de police sur le jeu de
paulme et le verjus, — ordonnance de police portant
défense de jouer du bedon ou tambourin, — du prix du
marc d'or et d'argent, — ordonnance de police pour les
regrattiers, — ordonnance pour la garde des portes, —
ordonnance sur le poids du pain.

Règlement pour les lasceurs de fil de soie et de laz, et
faiseurs de trousses à selles et rubans, — règlement pour
les faiseurs de tissus de soie, — règlements pour les
coutiers, c'est-à-dire les faiseurs de lits de plumes, —
règlement pour les estuveurs, — règlement pour les baudroyeurs, — règlement pour les coutreurs de cordouen,
— règlement pour les lampiers, — règlement pour les

fèvres-maréchaux, greffiers, heaumiers, velliers, grossiers, — règlement des fèvres-couteliers, — statuts des couteliers et emmancheurs de couteaux, — rôle des métiers qui doivent aller vendre aux halles, — règlement des poissons d'eau douce, — des chaussées, — du péage du Petit-Pont, — anciens règlements du métier d'huilerie, — règlements des fourreurs, — sentences du Châtelet de Paris, concernant l'abus de la juridiction de l'évêque de Paris sur les clercs, — ordonnance des oyers, — ordonnance des poulaillers, — ordonnance de police portant défense d'acheter chose soupçonnée venir du pillage, — ordonnance de police concernant le port d'arme des écoliers, — ordonnance de police concernant les halles, — ordonnance de police concernant les étaux de la halle aux merciers, — ordonnance de police concernant la fontaine des Saints-Innocents, — ordonnance de police concernant les fripiers, — ordonnance de police concernant les femmes de joie, — ordonnance de police concernant la Fontaine des Halles, — ordonnance concernant les sergents et leurs fonctions de police pour le nettoyement, — ordonnance de police sur le nettoyement de la place Maubert, — ordonnance de police concernant les porcs qui vaguaient, — ordonnance de police concernant le commerce des poulaillers, — ordonnance de police concernant les lieurs de foin, — anciennes ordonnances des lasceurs de fil de soie, — ordonnance de police concernant la chasse aux oiseaux et la conservation des plaisirs du Roi.

Second cahier neuf.

Lettres patentes portant création d'un maître en chaque métier, — statuts des patenotriers de corne et d'os,

Livre bleu.

Rolle des villes et villages dépendant de la justice de
Corbeil, — sentence du Châtelet sur l'observation des
dimanches et fêtes, de la part des cordonniers et savetiers, — étalonnement des poids de la chambre des Monnoies et du Châtelet, par les jurés-balanciers, en présence de Nicole Ribelet, examinateur, — cri concernant
les changeurs, — acte des rapports faits contre des tapissiers nôtres, en la chambre du Procureur du Roi, — cri
concernant le foin, — limites des barrages et chaussées
de la prévôté de Paris, — lettres patentes sur le scel du
Châtelet, — cri concernant le nettoyement, — cri concernant le portage des grains.

Livre gris.

Des sergents de la douzaine, — lettre de cachet concernant les priviléges des bourgeois de Paris, — requête
concernant les tailleurs de robes, — arrêt du Parlement
confirmatif d'une sentence des requêtes de l'Hôtel du
24 décembre 1510, concernant les sergents à verge, —
arrêt du Parlement concernant la joyeuse entrée de la
royne Marie d'Angleterre, — droits de chaussée.

Premier volume des Bannières.

Augmentation des ordonnances des lanterniers, — lettres de naturalité.

Second volume des Bannières.

. . . .

Troisième volume des Bannières.

Lettres patentes concernant les greniers à sel de
Bourgogne, — lettre de cachet sur les bénéfices électifs.

Quatrième volume des Bannières.

Statuts des serruriers, — provision de l'office de contrôleur de la marée, — lettres patentes concernant un particulier, — lettres de cachet concernant un mariage, — commission pour une levée des gens de guerre, — translation du lieu et tenue de la foire Saint-Laurent, à cause de la peste, — requête des rôtisseurs, — commission pour l'enregistrement de l'édit de septembre 1547, concernant les notaires apostoliques.

Cinquième volume des Bannières.

Commission pour l'exercice des fonctions de greffier des insinuations, — permission à un particulier de porter arme.

Sixième volume des Bannières.

Lettres patentes sur les présidiaux, — lettres de cachet concernant les gens d'église, le ban et l'arrière-ban, — lettres patentes concernant les rentes sur la ville, — état des lieux dépendant du duché de Montmorency, — addition aux statuts des apothicaires, — lettres patentes portant permission de faire des fossés et un pont-levis, — permission accordée à un particulier de porter soie sur soie, — commission concernant la pacification des troubles, — permission de port d'armes accordée à un particulier.

Septième volume des Bannières.

Arrêt du conseil concernant les sergents à verge et à cheval, — lettres patentes en faveur des marchands de Paris, — convocation pour l'entrée du Roi, — provision de l'office d'avocat du Roi.

Huitième volume des Bannières.

Arrêt du Parlement concernant les priseurs-vendeurs et les sergents du Châtelet, — lettre de garde gardienne pour les greffiers, — règlement concernant la recette des décimes du clergé, — contrat concernant la terre de Villeroy, — commission concernant la certification des criées, — contrat concernant la ferme de la Grange, — enregistrement d'un extrait baptistaire, — requête présentée par les receveurs des épices, — édit d'union pour le maintien de la religion catholique, — provision de l'office de courtier de chevaux, — privilége pour l'impression du bréviaire, — plaidoyers concernant le droit de préséance, prétendu par les avocats sur les commissaires, et par les commissaires sur les avocats, — conclusions de M. l'avocat général,—état des deniers donnés par Henri IV pour la réduction de ses villes et provinces, — statuts des patenotriers, — statuts des tailleurs, — donation d'un espagnol, — provisions d'un office de messager de Bayeux, — lettre de cachet concernant une ouverture de foire, — provision d'un office de messager de l'Université.

Neuvième volume des Bannières.

Lettres patentes concernant les chirurgiens du Châtelet, — lettres patentes portant permission de clore et fortifier une maison particulière, — provision d'un office de notaire apostolique.

Dixième volume des Bannières.

Lettres patentes portant établissement d'une manufacture de maroquin, — lettres patentes portant révocation d'édits et commissions extraordinaires, — lettres patentes concernant la terre de Montfermeil, — sentence du Châtelet relative aux affaires de la maison de Lorraine, — lettres patentes sur la justice d'Achères, — sentence du Châtelet concernant un commis aux décrets, — foire et marché de Presles-en-Brie, — provision do l'office de prévôt de l'Isle, — lettres patentes portant établissement de foire et marché à Fontenay, — arrêt du conseil concernant les gages des officiers de l'artillerie, — lettres patentes portant érection d'un marché à Gentilly, — lettres patentes portant établissement d'un marché à Tilly, — requête concernant les monnoyes, — statuts des doreurs sur cuir, — arrêt du conseil concernant les notaires des justices subalternes.

Onzième volume des Bannières.

. . . .

Douzième volume des Bannières.

Lettres patentes pour les religieux de Saint-Éloi-lez-Lonjumeau, — brevet de conseiller d'État pour le lieutenant civil au Châtelet, — lettres patentes pour la fabrique de Saint-Eustache, — lettres patentes pour le cardinal de Richelieu, — lettres patentes pour la justice de Soisy, — pièce concernant la chancellerie.

Treizième volume des Bannières.

Noms de tous les villages de la banlieue de Paris.

Volume unique des Bannières pour le nouveau Châtelet.

. . . .

Second livre vert vieil.

Requête et demandes faites au Roi par le duc de Bourgogne, les habitants de Paris et l'Université de ladite ville, — lettre du fils du duc de Bretagne.

Livre rouge neuf.

Anciens statuts des mégissiers, — cri concernant la liberté de la voie publique dans les halles, — sentence de la chambre du Trésor concernant la justice de Cossigny, — taxe des charretiers faite par le prévôt des marchands, — extrait des registres de la Chambre des comptes concernant les droits du Roi, — cri concernant la tranquillité publique, — ordonnance de police concernant les marchands de foin, — ordonnance de police concernant le nettoyement, — ordonnance de police sur le port d'armes, — instruction pour les francs-fiefs et les nouveaux acquêts, — cri concernant les rebelles et les ennemis du Roi, — liste des dix-sept métiers qui doivent le guet, — guet de l'écurie, — condamnation contre les baudroyeurs qui s'étaient assemblés sans autorité de justice, — cri concernant les cordonniers et les corroyeurs, — publication de paix, — lettres patentes pour faire publier la paix, — arrêt du Parlement portant renvoi par-devant le prévôt de Paris d'un procès criminel dont le bailli, dans la conservation des priviléges royaux de l'Université, avait pris connaissance, — publication de la paix faite en la présence des officiers du Châtelet.

Grand livre jaune.

Ordonnance de police qui défend aux chandeliers de vendre beurre, — banlieue de Paris, — lettre du connétable de France concernant le greffier du Châtelet, —

lettres patentes concernant le greffier du Châtelet, — arrêt du Parlement sur le greffe du Châtelet, — statuts des serruriers, — arrêt du Parlement décidant qu'au Roi seul appartient d'ordonner des statuts, — sentence du Châtelet concernant l'hôpital Saint-Jacques, et règlement dudit hôpital.

Livre vert ancien.

Statuts des talmeliers présentement nommés boulangers, — règlement pour les cordiers, — ordonnance concernant le poisson de mer, — anciens statuts des potiers d'étain, — anciens statuts des tapissiers notrés, — règlement pour les tapissiers sarrazinois et les tapissiers d'hautelisse.

Livre de la Chambre criminelle.

Lettres patentes concernant l'entrée des draps de soie, — lettres patentes autorisant un armurier à porter l'épée, — lettres patentes portant rétablissement de la confrérie des merciers, — cri concernant le marché aux arbres, — arrêt du Parlement concernant un rapt, — sentence du Châtelet concernant la justice de Charentonneau, — ordonnance de police sur la librairie, — provision de l'office de trompette du Roi, au Châtelet, — ordonnance de police sur le port d'armes, — commission pour exercer l'office de lieutenant criminel, — arrêt du Parlement portant vérification de ladite commission, — arrêt du Parlement rendu contre les oyseux et vagabonds, et ordonnance de police concernant le nettoyement, — provision d'une place d'archer du guet, — arrêt du Parlement relatif aux prisonniers qui font cession, — règlement pour les greffiers, contrôleurs, lieutenants du guet, — provision de l'office de chevalier du guet, —

édit de création des élus, — ordonnance de police sur la foire Saint-Laurent, — publication concernant une ceinture perdue ou volée, — publication concernant des effets placés au greffe criminel, — compétence du lieutenant criminel de robe courte, — arrêt du Parlement portant condamnation de mort contre un homme qui avait épousé deux femmes, — lettre du Roi concernant les funérailles du chancelier, — provision de l'office d'exécuteur de la justice, — arrêt du Parlement sur l'élargissement des prisonniers, — arrêt du Parlement portant commission à un conseiller du Châtelet, pour faire le procès à un des principaux ligueurs, — arrêt du Parlement portant condamnation à mort contre des gens qui avaient feint être officiers du Roi, — arrêt du Parlement portant condamnation de mort contre une femme adultère, — arrêt du Parlement concernant les médecins et chirurgiens du Châtelet, — arrêt du Parlement condamnant à mort un homme qui avait épousé trois femmes, — protestation d'un conseiller au Châtelet au sujet de la préséance par lui prétendue sur les prévôts de robe courte, — requêtes présentées par le lieutenant criminel contre le lieutenant civil.

Livre intitulé : *Doulx-Sire* (1).

. . . .

De nos jours, les Archives nationales contiennent, sur les *communautés d'Arts et Métiers*, les documents suivants :

Priviléges des corporations de Paris, H 3215-3216 F¹², 790²·³. — Délibérations des six corps marchands,

(1) Le manuscrit de la Bibliothèque nationale de Paris commence ainsi : *Je suis appelé le Livre Doulx-Sire.*

1620-1789, KK, 1340-1343. — Documents sur les
six corps marchands, 1708-1783, H 2102, K 1032 :
— Bouchers, K 1030, S 7154 ; couturières, H 2118-
2120 ; fondeurs, T 1492 ; horlogers, K 1030, T 1492 ;
lapidaires, K 1031 ; orfévres, 1345-1723, KK 1344-
1350, K 1046-1047, T 1490[1-259]. — Menuisiers
(confrérie de Saint-Julien), T 1492. — Monnayeurs,
T 1491[1-40]. — Serruriers, K 1031. — Tailleurs, K 1031.
— Verriers, K 1031.

Les archives de la rue de Paradis-au-Marais, contiennent
aussi les anciens registres du Châtelet de Paris : livres
de couleurs (11 registres), 1255-1604, Y 16[6]. — Bannières (12 registres), 1330-1703, Y 7-18. — Publications (62 registres), 1594-1788, Y 19-80. — Statuts
des métiers (1 registre), 1543-1586, Y 85. — Ban et
arrière-ban de la vicomté de Paris (4 registres), 1540-
1547, Y 81-84. — Insinuation ou enregistrement de
donation (409 registres), 1539-1791, Y 86-494. — Insinuations apostoliques (1 registre), seizième siècle, Y 526.
— Les procureurs au Châtelet, 1534-1789.

Le même dépôt renferme encore : les registres du
Présidial, du Parc civil, actes du Lieutenant civil en son
hôtel, Chambre civile, Chambre du conseil, Greffe civil,
Chambre de police, Chambre du Procureur du Roi,
Chambre de l'auditeur, Chambre criminelle, Greffe criminel, Chambre des commissaires au Châtelet, interro-
gatoire des prisonniers détenus au Grand-Châtelet, 1695-
1759, Procès de Raffiat, 1742-1747 (1).

<hr>

(1) *Le Châtelet de Paris*, 1863. — Didier, éditeur, 33, quai des Grands-
Augustins. Paris.— Bordier, *les Archives de la France* (Paris, 1855).— *Archives nationales.— Inventaires et documents*. Paris, Imprimerie nationale (1872).

CHAPITRE V

Ordonnances sur les Métiers.

Mars 1263. — Lettres patentes en forme de charte octroyée aux merciers et corroyers pour leur halle (1).

Chandeleurs 1269. — Arrêt du Parlement concernant le poids des marchands et le poids le Roy.

Mai 1270. — Sentence de Regnault Barbou, prévôt de Paris, contenant les statuts des oublayers.

1272. — Sentence du Châtelet rendue contre les foulons et les tisserands.

Juin 1275. — Sentence de Regnault Barbou, prévôt de Paris, concernant les merciers et les fileresses de soie.

Mars 1276. — Lettres patentes concernant les métiers çavetiers, baudroieurs, scieurs, mégissiers et arsiersboursiers.

---

(1) Registres du Châtelet de Paris. Bibl. nationale. (Manuscrits français, 8054.) Voir aussi : *Recueil des statuts des métiers de la ville de Saint-Quentin*, curieusement recueillis et recherchés par M. Quentin-Robart, conseiller du roy, son procureur et de ladite ville, en 1696 (manuscrit que nous avons consulté, grâce à l'obligeance si connue de notre concitoyen M. Félix Le Serrurier, conseiller honoraire à la Cour de cassation).

Juillet 1277. — Ordonnance des tapissiers sarrazinois et de haute-lisse (Homologation, 6 décembre 1290) (1).

Novembre-décembre 1277. — Règlement pour les foulons de draps.

Janvier 1278. — Lettres patentes concernant les pauvres femmes fripières, revenderesses et lingères, qui vendent sous les halles neuves.

Juin 1279. — Lettres patentes concernant les teinturiers et les tisserans de draps.

Saint-Jean-Baptiste 1281. — Statuts des forcetiers de Paris.

Saint-Denis 1281. — Statuts des tisserants de linge (9 octobre 1287).

Juillet 1282. — Lettres d'accord passées entre ceux du Temple et les bouchers de Paris.

Juin 1285. — Arrêt concernant la foire Saint-Germain-des-Prés.

Août 1285. — Lettres de l'abbé de Saint-Denis concernant la teinture des draps.

Décembre 1288. — Arrêt du Parlement qui permet aux marchands, useurs de poids, de peser à leurs poids, nonobstant les droits du poids le Roy.

Octobre 1290. — Statuts donnés par Jean de Montigny, prévôt de Paris, aux gantiers.

Lundi après la Saint-Nicolas d'hiver, 6 décembre 1290. — Ordonnance des fourbisseurs.

Décembre 1290. — Statuts des huissiers ou huchiers, présentement nommés menuisiers, à eux donnés par le prévôt Jean de Montigny.

Avril 1291. — Statuts des courtepointiers de Paris.

Vendredi après la Toussaint 1291. — Ordonnance

____

(1) Registres du Châtelet de Paris. Bibl. nationale de Paris. (Manuscrits français, 8054.)

concernant les jeux de dés, les pourceaux, les méreaux, le nettoiement, la cervoise et le vin (1).

Dimanche avant les Brandons 1291. — Règlement concernant les teinturiers et les tisserands, par Jean de Marle, prévôt de Paris.

Dimanche avant Pasques Flories 1291. — Statuts des escriniers de Paris.

Février 1291. — Statuts des couvreurs de robes vair.

Saint-Michel, 29 septembre 1292. Statuts des pescheurs de Paris.

Mardi après la Saint-Marc, 25 août 1293. — Sentence du Châtelet concernant la halle aux draps.

Mercredi avant la Saint-Leu, 18 octobre 1293. — Statuts des chavenaciers.

Lundi après les Brandons 1293. — Statuts des tailleurs de robes.

1294. — Ordonnance contre le luxe et les superfluités dans les habits.

Lundi après la Saint-Leu, 18 octobre 1296. — Règlement du prévôt Jean de Saint-Léonard, concernant les arpenteurs.

18 octobre. — Sentence du Châtelet concernant le droit de tonlieu, appartenant aux religieuses de Longchamps sur les boulangers.

1296. — Statuts des armuriers et armoiers.

11 juin 1297. — Ordonnance donnée aux bateliers par le prévôt Robert Mauger.

Août 1297. — Statuts des joueurs de trompes.

Lundi après l'octave des apôtres saint Pierre et saint Paul, juin 1298. — Lettres patentes adressées au prévôt de Paris, concernant le concierge des maisons du Roi, à

(1) Registres du Châtelet de Paris. Bibl. nationale de Paris. (Manuscrit français, 8054.)

Paris, au sujet des échoppes ou boutiques, nouvellement établies le long des murs du Palais (1).

Lundi après la Saint-Leu, 18 octobre 1299. — Lettres patentes du Châtelet concernant le poids le Roy.

Mardi après la Saint-Leu. — Sentence de Guillaume Thiboust, prévôt de Paris, concernant les bourreliers lormiers.

Mars 1299. — Ordonnance des ouvriers d'aulmosnières et boursières sarrasinoises.

Caresme 1299. — Règlement du Parlement sur la bûche de motte, de gloc, de fagots, de fessiau, de saule, de latte, sur le charbon, le foin et les feniers.

Août 1301. — Règlement concernant les barbiers-chirurgiens.

1302. — Règlement du Châtelet pour la viande de boucherie et autres vivres.

Vendredi devant les Brandons, 1302. — Sentence de Pierre le Jumeaux, prévôt de Paris, concernant les fripières lingères, qui vendent sous les halles neuves, tenant aux murs Saints-Innocents.

Vendredi avant la Saint-Clément, 23 janvier 1303. — Statuts des cuisiniers.

— Règlement de Pierre le Jumeaux, prévôt de Paris, concernant les jaugeurs de vin.

Mardi avant la mi-carême, 1303. — Sentence du Châtelet concernant les statuts des selliers.

Mardi après le dimanche où l'on chante : *lætare Jerusalem*, 1303. — Arrêt du Parlement concernant les fourbisseurs d'épées.

1303. — Arrêt du Parlement concernant la juridiction du maître charpentier du Roi.

(1) Registres du Châtelet de Paris. Bibl. nationale de Paris. (Manuscrits français, 8034.)

20 avril 1304. — Lettres patentes concernant les changeurs (1).

Dimanche avant la Saint-Marc, 25 avril 1304. — Sentence du prévôt de Paris concernant les lormiers.

Trinité et Pentecôte, 1304. — Règlement concernant les pigneresses et les fileresses de laine.

Février 1304. — Lettres patentes portant que le change se tiendra sur le Grand-Pont neuf, comme avant la chute du Pont-de-Pierre.

Vendredi avant les Cendres, 1304. — Ordonnance du Roi concernant les Juifs.

1304. — Sentence de Pierre de Dici, prévôt de Paris, concernant les statuts du métier de peantre œuvre au martel.

1304. — Statuts concernant les peintres et scelliers.

Mercredi après les octaves de Pâques, 1305. — Lettres patentes concernant les boulangers de Paris et les forains.

19 janvier 1307. — Lettres patentes concernant les coutiers faisant des lits de plumes.

21 avril 1309. — Lettres patentes concernant la confrérie des drapiers.

Mardi avant la mi-carême, 1309. — Statuts des scelliers.

30 juillet 1311. — Sentence de Jean Ploiebauche, prévôt de Paris, concernant les statuts des épiciers.

Saint-Michel, 27 novembre 1311. — Statuts des chapeliers de coton et bonnetiers.

Novembre 1311. — Lettres patentes concernant les chirurgiens.

(1) Registres du Châtelet de Paris. Bibl. nationale de Paris. (Manuscrits français, 8054.)

30 décembre 1311. — Statuts des poissonniers d'eau douce (1).

Samedi avant les Brandons, 1311. — Règlement pour les tapissiers nottrés et les tapissiers de tapis sarrazinois.

Avril 1312. — Lettres patentes concernant les halles.

8 décembre 1312. — Ordonnance contre les usuriers.

24 février 1312. — Boursiers de lièvre et chevrotins.

9 juillet 1315. — Lettres patentes concernant la boîte aux Lombards, c'est-à-dire les impôts établis sur les marchands Italiens.

Vendredi après la Pentecôte, 1316. — Poids et prix du pain, selon l'essai fait par les boulangers.

Janvier 1318. — Lettres patentes portant fondation d'une lanterne devant le Châtelet, pour empêcher les malfacteurs.

8 décembre 1319. — Arrêt du Parlement concernant les drapiers.

14 septembre 1320. — Sentence du Châtelet concernant les cordiers.

Dimanche avant la Saint-Simon-Saint-Jude, 28 octobre 1320. — Statuts des valliers ou veilliers.

Veille de la Toussaint, 1320. — Sentence de Gilles Hacquin, prévôt de Paris, contenant les statuts des filandiers et filandières.

Lendemain de la Saint-Martin, 1320. — Arrêt du Parlement concernant le commerce des chandelles.

34 janvier 1320. — Arrêt du Parlement concernant le poids et les marchands.

21 mars 1320. — Arrêt du Parlement sur la juridiction du prévôt des marchands.

1320. — Statuts des harengers.

(1) Registres du Châtelet de Paris. Bibl. nationale de Paris. (Manuscrits français, 8054.)

Mardi après la Saint-Marc et la Saint-Bon, 15 janvier 1321. — *Vidimus* d'une ordonnance royale concernant les métiers de Paris (1).

Février 1321. — Lettres patentes concernant les poids et les épiciers.

6 mars 1321. — Arrêt du Parlement concernant les boutonniers et les épingliers.

Samedi avant les Brandons, 1321. — Ordonnance du métier de haute-lisse.

Mercredi après les Brandons, 1321. — Ordonnance des couvreurs de maison.

24 février 1322. — Statuts des batteurs d'archal.

24 mars 1322. — Lettres patentes concernant les poissonniers de mer.

20 juin 1323. — Sentence de Jean Londe, prévôt de Paris, contenant les statuts des pourpointiers.

Lundi avant la Madeleine, 22 juillet 1323. — Ordonnance des corroyers-ceinturiers (*lettres patentes de septembre* 1323).

Septembre 1323. — Ordonnance des bouchers de la grande boucherie.

4 octobre 1323. — Statuts et ordonnances des épingliers (*vidimus* du 16 décembre 1323).

Mercredi fête de Saint-Pierre, février 1323. — Sentence de Jean Londe, prévôt de Paris, concernant les statuts des valets mégissiers.

1323. — Braalliers de fil de Paris.

Mardi après la huitaine des Brandons, 1323. — Statuts des mégissiers.

7 mars 1323. — Sentence du Châtelet contenant les statuts des merciers.

(1) Registres du Châtelet de Paris. Bibl. nationale de Paris. (Manuscrits français, 8061.)

12 mars. — Statuts des pigniers et lanterniers (1).

Dimanche avant la mi-carême, 1323. — Statuts des fourreurs de chapeaux (*Lettres patentes du* 11 *juin* 1324).

Lundi après la Saint-André, 1325. — Statuts des balanciers de Paris.

13 février 1325. — Statuts des billonneurs.

Jeudi avant la Saint-Sauveur, 1327. — Addition aux statuts des dorelotiers ou lasceurs de fil et de soie.

Lundi avant la Madeleine, 22 juillet 1327. — Statuts des chaudronniers.

Novembre 1327. — Statuts des foulons de draps.

16 janvier 1327. — Commission aux chirurgiens du Châtelet de visiter les malades de l'Hôtel-Dieu.

15 juin 1328. — Arrêt du Parlement jugeant qu'au Roi seul appartient de changer marchés et donner foire.

8 février 1328. — Arrêt du Parlement concernant les orfévres.

1328. — Statuts des fourreurs et fournisseurs de chapeaux de feutre.

Mars 1329. — Lettres patentes concernant les halébec ou fausse coutume du poisson de mer.

31 janvier 1331. — Sentence du Châtelet concernant les cristaliers, présentement nommés lapidaires.

Mars 1331. — Statuts des couvreurs de robe vaire homologués par le prévôt de Paris.

13 juillet 1333. — Addition aux statuts des tablettiers de Paris.

19 juillet 1333. — Addition aux statuts des corroyeurs de cordouan ou cordouanniers, par Jean de Milon, prévôt de Paris.

(1) Registres du Châtelet de Paris. Bibl. nationale de Paris. (Manúscrits français, 8054-8055.)

15 avril 1333. — Statuts des chapeliers de feutre (1).

15 juin 1334. — Lettres patentes concernant les fourreurs de chapeaux de feutre.

23 mars 1336. — Lettres patentes concernant la visite des drogues des apothicaires et des herbiers.

Février 1336. — Statuts des aumussiers, bonnetiers, faiseurs de gants de laine.

1336. — Lettres patentes concernant les examinateurs du Châtelet.

14 avril 1339. — Arrêt du Parlement concernant les garennes et la chasse.

Jeudi après le dimanche où l'on chante : *Lætare*, 1339. — Sentence du Châtelet contenant les statuts des cloutiers.

11 décembre 1340. — Sentence du Châtelet, contenant les statuts des pierriers ou lapidaires.

Fête de Sainte-Croix, septembre 1341. — Sentence du Châtelet contenant les statuts des menestrelles, menestrels, jongleresses et jongleurs (*vidimus* du 22 octobre 1341).

16 juillet 1344. — Lettres patentes pour les potiers de terre.

Juillet 1345. — Statuts et ordonnances des tanneurs, corroyeurs, baudroyeurs et sueurs.

Avril 1346. — Lettres patentes concernant les ordonnances des chaussetiers.

Mardi après la Saint-Leu-Saint-Gilles, 1er septembre 1347. — Règlement pour les tapissiers et ouvriers de tapis.

29 mai 1351. — Ordonnance faite par les députés, par le Roi, pour la réformation des laboureurs, marchands,

____

(1) Registres du Châtelet de Paris. Bibl. nationale de Paris. (Manuscrits français, 8054-8055.)

métiers, vivres, concernant les tisserands de draps (1).

Avril 1352. — Lettres patentes concernant les chirurgiens.

Décembre 1352. — Lettres patentes concernant les médecins.

17 août 1353. — Lettres patentes concernant les cloutiers (19 *janvier* 1357, *confirmation*).

Août. — Lettres patentes concernant les apothicaires.

12 mai 1365. — Ordonnance concernant les boulangers.

1er août. — Lettres patentes concernant les orfévres.

18 août 1356. — Statuts des fripiers et de leurs *garses* (*servantes*).

21 août 1357. — Statuts pour les teinturiers de peaux noires et rouges.

2 septembre. — Sentence du Châtelet contenant les statuts des lormiers.

20 septembre. — Sentence du Châtelet sur le commerce des suifs entre les bouchers et chandeliers.

20 décembre. — Sentence du Châtelet contenant addition aux statuts des gantiers.

20 décembre. — Statuts des chaussetiers.

31 mars 1358. — Lettres patentes concernant les teinturiers de draps.

Mars. — Lettres patentes confirmatives de celles de septembre 1323 et de novembre 1358 concernant les bouchers de la grande boucherie.

9 août 1359. — Lettres patentes concernant les merciers.

Décembre 1360. — Lettres patentes concernant les poissonniers de poisson de mer.

---

(1) Registres du Châtelet de Paris. Bibl. nationale de Paris. (Manuscrits français, 8054.)

Avril 1361. — Lettres patentes qui établissent le prévôt de Paris conservateur des marchands de marée (*Lettres de sauvegarde, avril* 1762) (1).

21 août 1361. — Arrêt du Parlement portant règlement pour le commerce de poisson de mer.

11 février 1361. — Arrêt du Parlement concernant les bouchers.

Août 1363. — Règlement concernant la boucherie Sainte-Geneviève.

29 septembre. — Ordonnance de police concernant les poulaillers (Statuts 11 septembre 1364).

23 avril 1364. — Lettres patentes pour augmenter le salaire des marchands de marée.

Juillet. — Lettres patentes concernant les chirurgiens.

4 septembre. — Statuts des tisserands de linge.

19 octobre. — Lettres patentes pour les chirurgiens, portant qu'ils ne pourront panser aucun blessé ès lieux privilégiés, qu'ils n'en avertissent les officiers du Châtelet.

1er décembre. — Ordonnances des armuriers et courtepointiers.

24 janvier. — Sentence pour les gainiers.

Février 1364. — Lettres patentes concernant les drapiers.

Lundi après *Judicamme*, 1366. — Sentence du Châtelet concernant les couteliers, emmancheurs et les merciers (4 *septembre* 1367. — *Ordonnance de police*).

14 avril 1366. — Règlement du Châtelet entre les boulangers de la ville et les forains.

1er décembre 1366. — Statuts des tailleurs et couturiers de robes (1).

20 mai 1367. — Lettres patentes concernant les tisserands de linge.

9 septembre. — Ordonnance de police concernant les oiseux puissans (*valides*).

18 septembre. — Ordonnances concernant les filles de joie (14 *octobre. — Cri de l'ordonnance*).

25 septembre. — Ordonnances concernant les jeux et les poulaillers.

23 décembre. — Arrêt du Parlement défendant aux pelletiers de vendre ailleurs qu'aux halles (4 *septembre* 1368.— *Cri concernant les halles et les merciers*).

9 octobre 1368. — Lettres patentes concernant les souliers à la poulaine.

13 octobre. — Lettres patentes portant rétablissement des halles de Paris.

20 novembre. — Statuts des chaudronniers.

20 novembre. — Ordonnance des potiers de terre.

3 novembre. — Cri concernant les taverniers.

1369. — Cri concernant le commerce de verjus.

3 avril 1369. — Lettres patentes concernant les jeux (*Idem, même sujet*, 23 *mai* 1369).

6 avril 1369. —Lettres patentes concernant le boucher du Roi (1).

27 avril. — Lettres patentes concernant les meuniers.

20 juin. — Ordonnance concernant la marée.

21 juin. — Taxe concernant la halle aux merciers (*Ord. du* 29 *juin* 1369, 23 *juin* 1371).

28 juin. — Ordonnance concernant les halles (étaux des halles, ord. du 29 juin 1369).

(1) Registres du Châtelet de Paris. Bibl. nationale de Paris. (Manuscrits français, 8054.)

29 juin 1369. — Fête de saint Pierre. Ordonnance de police concernant les merciers (1).

12 juillet. — Ordonnance du prévôt de Paris qui enjoint aux marchands forains de porter vendre leurs denrées aux halles.

13 juillet. — Sentence du Châtelet portant règlement sur le commerce des laines.

26 septembre. — Lettres patentes concernant la bière et les cervoisiers (*brasseurs*).

21 juillet 1370. — Lettres patentes concernant l'exercice de la chirurgie dans Paris.

Juillet. — Lettres patentes concernant le commerce du poisson de mer.

16 août. — Taxe faite aux estuviers (*octobre* 1370).

23 décembre. — Sentence du Châtelet contenant union des selliers et lormiers, avec leurs nouveaux statuts.

Samedi après Pâques. — Grand A, 1371. — Sentence du Châtelet portant règlement pour les cordiers.

24 juin 1371. — Ordonnance de police pour prévenir les vols concernant les filles de joie.

11 et 12 juillet. — Ordonnance de police concernant la santé, la sûreté, les oiseux.

23 septembre. — Ordonnance des corroyers-ceinturiers.

26 septembre. — Ordonnance de police pour la liberté de la voie publique au sujet des fripiers.

27 septembre. — Ordonnance de police concernant les boulangers.

26 octobre. — Arrêt du Parlement concernant les courtiers de draps.

29 octobre. — Sentence du Châtelet portant règlement pour les foigniers et leurs statuts.

(1) Registres du Châtelet de Paris. Bibl. nationale de Paris (Manuscrits français, 8.54.)

2 décembre. — Cri concernant les taverniers (1).

18 décembre. — Règlement pour les gantiers.

Décembre. — Lettres patentes concernant les barbiers.

11 février 1371. — Ordonnance des chandeliers de suif.

26 mars. — Ordonnance concernant les poulailliers et et coquoniers.

29 mars. — Ordonnance de police concernant le nettoyement et les taverniers.

14 avril. — Sentence du Châtelet concernant les vendeurs de marée.

21 avril. — Lettres patentes commettant deux conseillers de la Cour pour la taxe et police du pain. (Autres lettres, juillet 1372.) *Décembre* 1372.

8-13 juillet. — Règlement du prévôt de Paris sur le fait des cuirs, de leur marque et des cordonniers sueurs.

15 octobre. — Lettres patentes concernant les routiers.

27 octobre. — Ordonnance de police concernant les taverniers, les jeux et les ménétriers.

3-9 décembre. — Lettres patentes concernant les barbiers-chirurgiens.

6 janvier 1372. — Lettres patentes concernant les boulangers forains (7 *septembre* 1373).

24 août 1373. — Ordonnance des tisserands de linge par Hugues Aubriot, prévôt de Paris, et par lui ordonnée être gardée en la ville de Paris, en la ville Saint-Marcel et en la ville Saint-Germain-des-Prés, ce qui établit le droit de police général en faveur du Châtelet de Paris.

17 mars 1374. — Ordonnance de police concernant les femmes de joie.

6 juillet 1375. — Statuts des teinturiers de la ville de

(1) Livres du Châtelet de Paris. Bibl. nationale de Paris. (Manuscrits français, 8054.)

Paris, de la ville de Saint-Marcel et de la banlieue, faits par le prévôt de Paris (1).

8 juillet. — Ordonnance du prévôt de Paris pour les courtiers de chevaux.

22 novembre. — Ordonnance pour les vendeurs de bétail.

26 janvier 1375. — Ordonnance des tonneliers.

18 février. — Règlement concernant les valets tisserands.

21 mars. — Sentence du Châtelet portant que les savetiers peuvent faire souliers, — les deux tiers en cuir vieil et la tierce partie en cuir neuf.

18 juin 1376. — Ordonnance de la halle au cordouen.

3 août 1377. — Ordonnance pour les cardeurs et faiseurs de cardes.

14 octobre. — Sentence du Châtelet rendue contre ceux qui ont des moules à faire boucles et mordans.

15 mars 1378. — Statuts des orfévres et jouailliers de Paris.

13 juin 1378. — Ordonnance des tisserands de linge.

23 février 1379. — Lettres patentes concernant les vendeurs de poisson pêché à la ligne.

26 mai. — Sentence du Châtelet concernant les malletiers (25 juin 1379, *Règlement avec les selliers*).

1ᵉʳ décembre 1380. — Arrêt du Parlement concernant les boulangers forains.

3 août 1381. — Lettres patentes concernant les femmes de mauvaise vie.

28 septembre 1381. — Lettres patentes de privilége pour les médecins.

Octobre. — Lettres patentes concernant les chirurgiens.

(1) Livres du Châtelet de Paris. Bibl. nationale de Paris. (Manuscrits français, 8054.)

1er septembre 1382. — Règlement pour les potiers d'étain (1).

4 septembre. — Arrêt du Parlement portant règlement et statuts pour les huchiers, présentement nommés menuisiers.

1er décembre. — Statuts des pourpointiers.

1er décembre. — Sentence du Châtelet contenant addition aux statuts des potiers d'étain.

27 mai 1383. — Lettres patentes pour les barbiers-chirurgiens.

17 novembre. — Sentence du Châtelet de Paris portant règlement pour les teinturiers du petit-teint (*Ord. du* 17 *novembre* 1383).

20 novembre. — Sentence du Châtelet concernant les tisserands de linge.

23 avril 1384. — Ordonnance des tondeurs de draps (24 *septembre* 1384).

5 octobre. — Ordonnance de police concernant les tanneurs et la visite des cuirs tannés amenés à Paris.

Octobre 1384. — Lettres patentes concernant les tondeurs de draps.

1384. — Essai pour le prix du pain, fait par le bailli de Saint-Denis.

Avril 1385. — Lettres patentes contenant les statuts des lingères.

13 février. — Sentence du Châtelet contenant les statuts des billonneurs.

1er février 1386. — Ordonnance des chapeliers et aumussiers.

28 mai 1388. — Lettres patentes concernant les meuniers.

(1) Livres du Châtelet de Paris. Bibl. nationale de Paris. (Manuscrits français, 8054.)

19 février. — Cri concernant les fripiers (1).

20 février. — Règlement pour le nettoiement, les méseaux (2) et les Juifs.

5 mars. — Sentence du Châtelet concernant les étalages de fripiers.

9 mars. — Ordonnance des tisserands de draps et marchands de fil de laine.

15 juillet 1389. — Ordonnance des éguilletiers.

3 août 1390. — Lettres patentes concernant l'exercice de la médecine et de la chirurgie.

10 juin 1391. — Ordonnance de police concernant le blé, les farines, le pain.

12 août. — Ordonnance concernant les peintres et tailleurs d'images.

24 août. — Ordonnance des tisserands de laine.

19 septembre. — Lettres patentes concernant les boulangers forains.

6 octobre. — Règlement pour les drapiers.

13 octobre. — Ordonnance des déniers (*faiseurs de dés à jouer*).

30 décembre. — Addition aux statuts des poissonniers d'eau douce.

9 janvier 1391. — Sentence du Châtelet concernant la manufacture de chapeaux de fin Bièvre de Bruges.

1391. — Statuts des cannevassiers.

19 juillet 1392. — Ordonnance de police pour faire jeter de l'eau, à cause des grandes chaleurs.

27 juillet. — Règlement pour les bateliers.

13 août. — Règlement pour les peintres.

7 novembre. — Lettres patentes concernant les ven-

(1) Registres du Châtelet de Paris. Bibl. nationale de Paris. (Manuscrits français, 8054.)

(2) Lépreux.

deurs de bétail (*Ord. du 21 décembre* 1392, — 19 *novembre* 1392) (1).

29 novembre 1393. — Ordonnance de police concernant les chaussetiers.

15 mai 1394. — Ordonnance de police concernant les porteurs d'eau.

4 juillet. — Ordonnance concernant la chasse, pour la conservation des plaisirs du Roi.

20 juillet. — Ordonnance concernant les jeux.

24 juillet. — Lettres patentes pour les 24 courtiers de draps.

27 août 1394. — Ordonnance de police concernant les lieurs de foin.

17 septembre. — Lettres patentes pour les Juifs.

28 octobre. — Ordonnance pour les sauniers et moutardiers.

Novembre. — Lettres patentes pour la confrérie des varlets pelletiers.

12 mai 1395. — Ordonnance de police pour les ouvriers.

30 juin. — Ordonnance de police concernant les femmes de joie.

14 septembre. — Ordonnance pour les chaussonniers.

21 décembre. — Statuts des fourreurs pelletiers.

7 octobre 1396. — Ordonnance de police faisant défense aux fourreurs de fourrer aucun habit, s'il ne leur est commandé.

10 octobre. — Ordonnance des huiliers.

21 octobre. — Règlement pour les boulangers.

25 novembre. — Ordonnance de police sur le commerce du beurre.

____

(1) Registres du Châtelet de Paris. Bibl. nationale de Paris (Manuscrits rançais, 8054.)

25 novembre. — Ordonnance de police défendant aux fripiers, potiers d'étain, vendeurs de vieux fers, drapeaux, d'acheter objets soupçonnés d'avoir été volés (1).

20 juin 1397. — Ordonnance de police concernant les marchands forains de draps.

10 octobre. — Ordonnance des oublayers (*Lettres patentes d'août* 1406).

19 octobre. — Ordonnance pour les aiguilletiers.

1397. — Statuts des ménétriers de Paris (*Lettres patentes du 24 avril* 1407).

3 juin 1398. — Ordonnance de police sur les jeux et farces.

7 septembre. — Ordonnance de police pour les drapiers.

23 octobre. — Lettres patentes concernant les chaussetiers.

26 décembre. — Ordonnance des tonneliers de Paris (*Lettres d'avril* 1400).

1398. — Ordonnance sur le commerce des harengs.

1398. — Ordonnance des estuveurs.

1398. — Ordonnance des serruriers.

17 août 1399. — Ordonnance pour les bouchers.

Octobre 1401. — Lettres patentes concernant les chirurgiens.

Décembre. — Statuts des forcetiers de Paris.

1401. — Sentence de l'officialité portant défense de vendre dans le cimetière Saint-Innocent.

5 avril 1402. — Lettres patentes concernant les oyseliers.

10 juillet. — Règlement entre les selliers et les bourreliers.

____

(1) Registres du Châtelet de Paris. Bibl. nationale de Paris. (Manuscrits français, 8054.)

Décembre. — Lettres patentes concernant les confrères de la Passion (1).

1402. — Règlement concernant les méseaux ou lépreux.

1402. — Lettres patentes pour les épingliers.

1402. — Statuts des bourreliers (*Ord. du* 20 *février* 1403).

22 mai 1403. — Lettres patentes concernant les barbiers.

8 août. — Ordonnance de police sur les vagabonds.

Septembre. — Lettres patentes sur le commerce de vin.

4 janvier 1403. — Statuts des frangers et rubaniers, autrefois nommés dorelotiers.

Février 1404. — Ordonnance des maçons et charpentiers.

13 mai 1405. — Arrêt du Parlement concernant l'exécution des condamnés par le bailli du Palais, laquelle se faisait de l'ordre du prévôt de Paris (*lettres patentes du* 12 *février* 1396, *concédant aux condamnés à mort l'assistance d'un confesseur*).

18 juillet. — Accord entre le prévôt de Paris et le prieuré de Saint-Ladre, au sujet de la foire Saint-Laurent.

Août. — Lettres patentes pour les tailleurs de robes.

15 décembre 1406. — Ordonnance de police concernant les halles.

12 avril 1407. — Lettres patentes sur les monnoyes.

Avril. — Lettres patentes confirmatives des statuts des haubergers, armuriers.

6 mai. — Lettres patentes pour les émouleurs de grandes forces.

(1) Registres du Châtelet de Paris. Bibl. nationale de Paris. (Manuscrits français, 8054-8055.)

Mai. — Lettres patentes pour les statuts des mégissiers (1).

30 août. — Ordonnance des potiers d'étain.

26 septembre. — Ordonnance des potiers de terre.

25 novembre. — Statuts des pourpointiers.

8 mai 1408. — Lettres patentes concernant les halles.

17 mai 1408. — Lettres patentes concernant les denrées et vivres, destinés pour Paris et les voituriers, qui les amènent par eau *(Ord. du 26 mai 1408)*.

Septembre. — Lettres patentes sur le logement des étrangers, des malfaiteurs embranchés, le port d'armes.

1408. — Statuts des heaumiers.

18 décembre 1409. — Lettres patentes pour les regrattiers de fruits et de poisson.

20 décembre. — Défense aux habitants de Vanves et autres villages voisins de jouer, ni crosser dans les vignes.

20 juillet 1410. — Lettres patentes pour la confrérie des porteurs de grains.

20 août. — Lettres patentes pour les médecins et chirurgiens.

1410. — Sentence du Châtelet au profit des bouchers de Paris.

12 juin 1411. — Lettres patentes portant création de la compagnie des archers de la ville.

23 décembre. — Lettres patentes pour les vendeurs de vin.

16 juin 1412. — Lettres patentes pour les buffetiers-vinaigriers.

26 juin 1412. — Statuts des chandeliers.

29 septembre. — Statuts des pêcheurs.

(1) Registres du Châtelet de Paris. Bibl. nationale de Paris. (Manuscrits français, 8354.)

4 mai 1413. — Accord entre les tondeurs et leurs varlets (1).

3 juillet. Lettres patentes sur les monnoyes.

Octobre. — Lettres patentes portant translation de l'étape au vin de la halle à la Grève.

9 juillet 1414. — Lettre de commission pour la visitation des égouts.

Juillet 1414. — Don à la ville du Pont-Notre-Dame, sur lequel le Roi se réserve tout droit de justice et un cens.

1414. — Lettres patentes concernant les jurés maçons et charpentiers.

1414. — Ordonnance sur le commerce du poisson de mer.

4 avril 1415. — Cri sur le fait du blé.

3 juin. — Règlement pour les valets tondeurs.

7 juin 1415. — Statuts des heaumiers de Paris.

3 octobre. — Statuts des pâtissiers de Paris.

22 avril 1416. — Lettres patentes qui commettent le prévôt de Paris pour fortifier la ville *(Ord. du prévôt, 29 mai 1417)*.

8 mai. — Lettres patentes pour faire porter par les habitants de Paris, leurs harnois et armes à la bastide Saint-Antoine *(Ord. du prévôt, 11 mai)*.

8-10 mai. — Ordonnance de police et cri pour faire porter à la bastide Saint-Antoine les chaînes de rues, qui sont détachées.

14 mai. — Ordonnance concernant les heaumiers, armuriers, marchands d'armes.

25 août. — Lettres patentes pour l'établissement de quatre nouvelles boucheries dans Paris.

12 décembre. — Lettres patentes concernant le bled et le pain.

(1) Bibl. nationale de Paris. (Manuscrits français, 8054.)

1416. — Ordonnance concernant les filles de joie.

24 juillet 1417. — Ordonnance du prévôt de Paris, qui enjoint à tous de se fournir de vivres, attendu les troubles.

28 juillet. — Lettres patentes concernant l'approvisionnement de Paris, en fait de vivres.

8 août. — Ordonnance du Roi portant défense aux bourgeois de Paris d'aller résider ailleurs, ni d'emporter leurs biens.

24 juillet 1418. — Lettres patentes pour qu'on ne fasse assemblées illicites, pour rompre prisons, ne tuer.

29 novembre. — Lettres patentes concernant la disette de bois de chauffage.

17 février 1419. — Lettres patentes concernant les vivres.

6 mars. — Ordonnance concernant les filles de joie.

24 mai 1420. — Statuts des teinturiers de fil et toile, filandiers et filandières.

13 juillet. — Arrêt du Parlement, concernant les boulangers et les meuniers.

14 septembre. — Ordonnances pour les filles de joie.

12 octobre. — Statuts des chaudronniers.

11 décembre. — Ordonnance concernant les vivres.

17 juillet 1421. — Sentence du Châtelet concernant les ouvriers de tissus de soie (1).

Juillet 1421. — Ordonnance de police concernant les halles.

7 novembre. — Lettres patentes de commission au premier président du Parlement de Paris, pour vaquer à la police de Paris.

12 décembre. — Cri concernant l'exercice de la marchandise et du commerce dans Paris.

(1) Bibl. nationale de Paris. Manuscrits français, 8034.)

25 avril 1422. — Lettres patentes concernant le commerce de viande de boucherie (1).

Juillet. — Ordonnance de police concernant les filles de joie.

Septembre.— Lettres patentes concernant les ouvriers en tissus de soie.

3 septembre. — Lettres patentes pour les médecins.

Décembre. — Lettres patentes pour les chirurgiens.

Janvier 1423. — Lettres patentes qui limitent à vingt-quatre le nombre des courtiers de chevaux.

6 septembre 1424. — Cri concernant les tonneliers.

4 novembre. — Sentence du Châtelet pour les barbiers-chirurgiens et les chirurgiens de robe longue.

12 mai 1425. — Ordonnance de police pour les chaussetiers.

19 décembre. — Acte d'établissement de six gardes fripiers.

17 avril 1426. — Arrêt du Parlement sur les filles de joie.

26 septembre. — Privilége des vendeurs de poissons de mer.

Juin 1427. — Lettres patentes concernant les barbiers-chirurgiens.

6 juillet, 1er août. — Arrêts du Parlement pour les fripiers, drapiers et tailleurs.

8 mai 1428. — Ordonnance des chandeliers de cire.

2 octobre. — Ordonnance de police sur la bière et les brasseurs.

30 avril 1429. — Ordonnance de police pour les boulangers.

7 mai. — Arrêt de règlement entre les orfévres et les merciers vendant moulures d'argent.

____

(1) Bibl. nationale de Paris. (Manuscrits français, 8054.)

7 mai. — Arrêt du Parlement pour les maitres de monnaies (1).

11 mai. — Sentence du Châtelet sur le commerce de harengs.

11 avril 1331. — Sentence du Châtelet pour les huiliers.

20 septembre. — Statuts des sergetiers.

13 novembre.—Ordonnance des cordonniers sueurs (2).

Novembre 1427. — Lettres patentes concernant les médecins, apothicaires et herbiers.

26 avril 1428. — Lettres patentes concernant les monnaies et les changeurs.

11 mai. — Ordonnance des barbiers.

19 septembre 1429. — Lettres patentes concernant les meuniers, boulangers, sauniers et blatiers (8 *octobre.* — *Lettres patentes des boulangers*).

18 octobre 1432. — Sentence du Châtelet entre les tassetiers et les boursiers.

15 décembre. — Ordonnance de police pour la pesée des grains, donnés à moudre.

5 avril 1434. — Statuts des jaugeurs.

7 septembre 1435. — Ordonnance du métier de soie.

9 mars 1440. — Statuts des pâtissiers de Paris.

Octobre 1441. — Lettres patentes sur l'exercice de la chirurgie à Paris.

Novembre. — Lettres patentes concernant les artilliers (*Statuts,* 20 *décembre* 1443).

(1) Bibl. nationale. (Manuscrits français, 8034.)

(2) L'an 1429, les grandes orgues de Notre-Dame d'Amiens furent données à cette église par Alphonse Le Mire, valet de chambre du roi Charles VI, receveur des aydes à Amiens, et par damoiselle Massine de Hénau ou Hainaut, son épouse, enterrés proche le tombeau de l'évêque Evrard et le bénitier. Voir : *Antiquités de la ville d'Amiens,* par le chanoine Adrien de la Morlière. — Pagès, manuscrits. — Rivoire-Gilbert, *Description de la cathédrale d'Amiens.* — Le P. Daire, *Histoire de la ville d'Amiens.* — Dusevel, *Histoire d'Amiens.*

19 avril 1442. — Ordonnance du métier de lanterniers, souffletiers, boisseliers (1).

18 mai 1443. — Statuts des foulons de draps.

30 mai 1450. — Ordonnance des épiciers.

15 septembre. — Arrêt du Parlement pour les fripiers.

Décembre. — Statuts des vinaigriers, moutardiers.

20 mars 1451. — Ordonnance des armuriers, brigandiniers.

7 juin 1452. — Défense à tous autres qu'aux boulangers de vendre pain aux fenêtres.

18 juin 1454. — Lettres patentes pour les bonnetiers.

24 novembre 1454. — Ordonnance des charpentiers de la grande coignée.

10 juillet 1456. — Statuts des potiers de terre.

14 août. — Statuts des faiseurs de tentes, pavillons, chambres de tapisseries, de toile, de serge, courtepointerie neuve.

10 septembre 1457. — Arrêt du Parlement concernant les tonneliers.

18 avril 1458. — Sentence du Châtelet entre les liniers et les chanvriers.

11 décembre 1461. — Ordonnance des gantiers.

7 février 1462. — Ordonnance des corroyeurs.

1er novembre 1463. — Lettres patentes sur les drogueries et épiceries.

1er décembre 1464. — Ordonnance des chandeliers de suif.

1er décembre. — Ordonnance des charcuitiers et saucissiers.

12 décembre. — Lettres patentes sur le commerce du Levant.

____

(1) Bibl. nationale. (Manuscrits français, 8054.)

15 février 1465. — Ordonnance des tapissiers nottrès.

Mars. — Lettres patentes des barbiers (1).

2 avril. — Arrêt du Parlement concernant les bouchers du cimetière Saint-Jean.

Janvier 1466. — Statuts des tailleurs de robes.

Juin 1467. — Lettres patentes distribuant les métiers sous certaines bannières, pour faire la garde.

24 juin. — Ordonnance des faiseurs d'éteufs.

24 juin. — Lettres patentes pour la confrérie des libraires.

24 juin. — Lettres patentes pour les tourneurs en bois.

24 juin. — Ordonnance des vanniers, quincailliers.

24 juin. — Ordonnance des laboureurs de vignes.

24 juin. — Ordonnance des voiriers (vitriers).

1ᵉʳ août. — Ordonnance des fourbisseurs d'épées.

24 janvier 1468. — Ordonnance de police sur la vente des volailles.

28 janvier. — Sentence du Châtelet sur les bonnetiers.

6 novembre 1469. — Statuts des brodeurs.

26 mai 1470. — Arrêt du Parlement sur les vendeurs de bétail.

4 octobre. — Statuts des merciers.

24 juin 1473. — Ordonnance que chacun lave et pave, devant son huis.

29 décembre 1474. — Lettres patentes pour les vendeurs de poisson de mer.

28 septembre 1481. — Ordonnance de police sur les filles de joie.

Juillet 1484. — Lettres patentes pour les chirurgiens.

Août. — Lettres patentes pour les épiciers apothicaires.

(1) Bibl. nationale de Paris. (Département des manuscrits français, 8054-8055.)

16 septembre 1485. — Sentence du Châtelet pour les tapissiers (1).

7 novembre 1485. — Sentence du Châtelet sur les épiciers, apothicaires, merciers, pour la visite des drogues.

2 novembre. — Statuts des peigniers, tablettiers.

10 mai 1486. — Arrêt concernant des clercs, qui avaient tenu des propos séditieux, en jouant une moralité.

23 décembre. — Arrêt du Parlement concernant les jeux de paume.

3 juillet 1493. — Cri de ne porter armes, ne retirer vagabonds, ne jouer à l'arc, à l'arbaleste, ni à la paume dans les rues.

20 juillet. — Cri concernant les charmeurs, devineurs et négromanciens.

5 juin 1496. — Lettre concernant les galériens, vagabonds, gens sans aveu.

12 juin 1501. — Sentence du Châtelet concernant les halles.

13 juillet. — Arrêt du Parlement concernant les maçons et les charpentiers (2).

10 mars 1501. — Statuts des paveurs de Paris.

22 novembre 1502. — Arrêt du Parlement qui défend d'user de charrettes ferrées.

5 juillet 1504. — Règlement pour les bateliers.

(1) Registres du Châtelet de Paris. Bibl. nationale de Paris. (Manuscrits français, 8055.)

(2) Un âne bâté et couché est sculpté sur le dernier pilier de la nef de l'église d'Argentan (Orne), avec cette inscription :

Mil quatre cent quatre-vingt-huit.
Par Jean Lemoine, bon maçon,
Qui ce pilier a construit,
Dieu pardonne à malfaçon,
Et le fit faire Jean Pitard,
Des biens que Dieu lui céda
Auxquels sa femme avait part.

Décembre. — Lettres patentes concernant les porteurs de grains (1).

7 janvier 1505. — Cri concernant les masques.

10 mars. — Sentence du Châtelet concernant les compagnons tailleurs.

15 juillet 1506. — Lettres patentes défendant de faire ni vendre vaisselle d'argent.

21 octobre. — Sentence de la chambre du procureur du Roi, concernant les ceinturiers.

30 mai 1507. — Lettres patentes concernant les vendeurs de vin.

24 juillet. — Ordonnance de police concernant le poisson de mer.

13 octobre. — Sentence du Châtelet concernant les chandeliers.

7 septembre 1508. — Arrêt du Parlement concernant les pâtissiers.

18 mai 1510. — Sentence du Châtelet concernant les balanciers.

20 juillet. — Arrêt concernant les fourbisseurs et les merciers.

12-22 août 1511. — Arrêt du Parlement concernant les étaux de bouchers.

Août. — Statuts des bouchers de Poissy.

Novembre. — Lettres patentes concernant les monnoyers de Paris.

12 juin 1512. — Sentence du Châtelet concernant les boursiers et ceinturiers.

30 juin. — Commission de balayeur de la place de la porte de Paris.

(1) Registres du Châtelet de Paris. Bibl. nationale de Paris. (Manuscrits français, 8055.)

11 septembre. —. Sentence du Châtelet concernant les orfévres (1).

6 octobre. — Lettres patentes fixant les droits sur l'alun étranger.

20 juillet 1513. — Arrêt du Parlement concernant l'autorité qu'ont les pères de châtier leurs enfants.

Septembre. — Lettres patentes pour les barbiers.

15 octobre. — Arrêt du Parlement concernant les chirurgiens du Châtelet.

22 novembre. — Arrêt du Parlement concernant les pâtissiers.

28 avril 1514. — Arrêt du Parlement rendu contre les masques et les déguisements.

Mai. — Statuts des brasseurs.

6 août. — Lettres patentes portant établissement d'un subside sur le vin sortant de France.

18 septembre 1514. — Lettres patentes portant création d'un maître en chaque métier.

Septembre. — Statuts des vinaigriers de Paris.

Septembre. — Lettres patentes concernant les courtiers de chevaux, établis en 1375.

Novembre. — Statuts des rubaniers.

1514. — Lettres patentes concernant les lingères.

1514. — Lettres patentes concernant les ménétriers.

10 mars 1515. — Arrêt du Parlement portant la communication de la confession des accusés.

18 avril. — Lettres patentes concernant les priviléges du Roi des arbaletriers, coulevriniers et artilliers.

Avril. — Lettres patentes concernant les barbiers.

3 juin. — Lettres patentes concernant les droits sur les vins sortant du royaume.

---

(1) Registres du Châtelet de Paris. Bibl. nationale de Paris. (Manuscrits français, 8055.)

26 juillet. — Sentence du Châtelet concernant les ceinturiers (1).

5 janvier 1516. — Arrêt du Parlement pour les masques, jeux et réjouissances.

28 mai. — Sentence du Châtelet concernant les tonneliers.

14 septembre 1517. — Cri concernant les vendeurs de bétail et les langueyeurs.

3 octobre. — Concession pour le commerce de marée (*Arrêt du Parlement, 19 mars 1518*).

1517. — Lettres de pardon à un rôtisseur, qui avait acheté des daims du bois de Vincennes.

28 juillet 1518. — Lettres patentes concernant les épiciers et les drogues vénéneuses.

8 juillet 1519. — Cri concernant la vente du fruit, légumes, beurre, œufs, fromage.

Juillet. — Lettres pour les cordiers.

21 novembre. — Lettres patentes pour les hôteliers et taverniers.

1er décembre. — Taxe pour les charretiers par le prévôt des marchands.

18 mai 1520. — Arrêt du Parlement concernant les menuisiers.

14 juillet. — Cri concernant le respect dû aux églises et les oiseux.

8 octobre 1520. — Lettres patentes sur les danses publiques, faites les dimanches et fêtes.

8 octobre. — Lettres patentes pour les courtiers de chevaux.

17 octobre. — Lettres patentes sur les mines de France.

16 novembre. — Cri concernant les oyseux.

(1) Registres du Châtelet de Paris. Bibl. nationale de Paris. (Manuscrits français, 8055.)

7 avril 1521. — Arrêt du Parlement sur l'approvisionnement de Paris (1).

26 septembre. — Sentence du Châtelet pour les chapeliers.

30 octobre. — Arrêt du Parlement sur les boulangers.

23 décembre. — Statuts des layetiers, renvoyés par lettres au prévôt de Paris.

20 novembre 1522. — Arrêt du Parlement sur les charretiers chargeant du foin.

26 novembre. — Ordonnance du prévôt des marchands sur le charbon.

27 novembre. — Sentence du Châtelet portant règlement pour les pâtissiers.

18 juin 1523. — Lettres patentes pour empêcher le transport des espèces d'or et d'argent hors du royaume.

22 juin. — Permission pour les poulailliers de la rue du Vertbois de nourrir des oisons.

12 août. — Arrêts du Parlement concernant les livres de Luther et ceux de Mélanchthon.

1523. — Lettres patentes portant création des arquebusiers de la ville.

22 mai 1524. — Arrêt du Parlement concernant la procession du Saint-Sacrement.

22 mai. — Cri concernant le nettoiement, attendu la procession de la châsse de Sainte-Geneviève.

23 mai. — Arrêt du Parlement sur le port d'armes, la tranquillité publique, les vagabonds et les jeux prohibés.

9 juin. — Arrêt du Parlement pour les lanternes et les précautions contre les incendies.

1er septembre 1524. — Cri concernant les revendeurs et le marché de la Cossonnerie.

(1) Registres des métiers du Châtelet de Paris. Bibl. nationale de Paris. (Manuscrits français, 8055.)

15 novembre. — Arrêt du Parlement rendu contre des vagabonds et pillards (1).

14 décembre. — Arrêt du Parlement sur les filles de joie. Il y est question d'une fille ravie et déflorée par un prêtre religieux, nommé Ribault.)

19 août 1525. — Arrêt du Parlement sur les fripiers étaliers et les fripiers colporteurs.

5 juillet 1526. — Sentence du Châtelet pour le chef-d'œuvre à produire, pour parvenir aux maîtrises des métiers.

7 décembre. — Sentence du Châtelet pour les tissutiers rabaniers (Arrêt du 22 juin 1532).

Avril 1527. — Statuts des poulailliers.

5 juillet. — Lettres patentes pour les portes.

14 août. — Lettres patentes portant défense d'envoyer argent à Rome, à cause de la détention du Pape.

9 novembre. — Lettres patentes pour le jeu de paume.

Mai 1528. — Lettres patentes pour les tourneurs en bois.

10 décembre 1529. — Lettres patentes pour les matières d'or et d'argent.

En 1529. — Payé à Pierre Pommereul, maître des hautes-œuvres, six livres tournois, qu'il a déboursées pour l'achapt, par lui fait, d'une épée, qu'il a convenu achepter aux dépens de justice, pour exécuter les malfaiteurs condamnés à être décapités (2).

10 décembre. — Lettres patentes pour les orfèvres.

6 août 1531. — Lettres patentes de François Iᵉʳ confirmant un jugement rendu par le prévôt de Paris, portant commutation de la peine du gibet en celle d'être jeté, dans

(1) Registres du Châtelet de Paris. Bibl. nationale de Paris. (Manuscrits français, 8073.)

(2) En 1526, l'exécuteur de Paris possédait deux épées, qui lui avaient été données par le Parlement de Paris, et avaient coûté 100 livres.

un sac, en la rivière de Seine, à telle heure que peu de gens en puissent avoir connaissance, et au moindre esclandre que faire se pourra (12 *septembre* 1521, *Procès-verbal de cette exécution*) (1).

Septembre. — Lettres patentes pour les tondeurs.

28 octobre. — Lettres patentes sur le commerce des grains.

18 novembre. — Provision de l'office de compteur et déchargeur de poisson de mer.

1ᵉʳ juin 1532. — Lettres patentes pour les hôteliers et cabaretiers.

Juin 1534. — Lettres patentes avec le statuts des orfévres.

24 décembre. — Arrêt du Parlement concernant les pauvres prisonniers.

25 mai 1535. — Arrêt du Parlement rendu contre les confréries des métiers.

27 juillet. — Arrêt du Parlement pour les marchands de poisson de mer.

30 septembre. — Sentence du Châtelet pour les vinaigriers.

14 juillet 1536. — Lettres patentes sur les monnaies.

16 avril 1537. — Lettres patentes sur l'entrée des draps de soie (16 juin 1537. — 26 juillet 1539).

5 juillet. — Arrêt du Parlement qui exempte du guet les tanneurs, baudroyeurs, cordonniers, mégissiers, bourreliers.

7 septembre. — Arrêt du Parlement rendu contre les Luthériens et ceux qui les recèlent.

25 septembre. — Sentence du Châtelet qui défend de vendre volaille ou gibier ailleurs qu'au marché.

____

(1) Registres du Châtelet de Paris. Bibl. nationale de Paris. (Manuscrits français, 8055.)

28 décembre. — Lettres patentes concernant les imprimeurs et la Librairie ou Bibliothèque royale. (*Lettres patentes du 17 mars 1537*).

24 avril 1538. — Lettres patentes sur les eaux publiques (1).

15 novembre. — Lettres patentes pour les poulailliers et rôtisseurs.

27 mai 1539. — Lettres patentes fixant le prix des futailles, en vue de l'ample récolte de vin qui se préparait.

Mai. — Lettres patentes pour l'établissement d'une blanque (Lettres du 24 février 1541).

Juillet. — Lettres pour les canevaciers.

14 août. — Arrêt du Parlement permettant aux habitants du faubourg Saint-Honoré de nourrir volailles.

Août. — Lettres patentes sur les statuts des imprimeurs (14 *octobre* 1539).

22 octobre. — Lettres patentes pour l'entrée des épiceries.

Avril 1540. — Lettres patentes sur l'aulne et la manière d'aulner.

4 mai. — Arrêt du Parlement pour les bouchers.

23 juillet. — Arrêt du Parlement concernant les brodeurs.

26 août. — Lettres concernant le premier barbier du Roi (*août* 1547).

4 septembre. — Sentence du Châtelet concernant les mégissiers.

11 septembre. — Lettres patentes pour défendre le transport des espèces et matières d'or.

17 octobre. — Lettres patentes pour les hôteliers.

13 novembre. — Lettres patentes sur les poids et mesures.

(1) Registres du Châtelet de Paris. Bibl. nationale de Paris. (Manuscrits français, 8035.)

15 novembre. — Lettres concernant l'épicerie (1).

28 novembre. — Lettres patentes concernant le salpêtre (Lettres de décembre 1540. — Création de 300 salpétriers, 13 février 1543).

19 avril 1541. — Lettres patentes sur la confrérie des drapiers.

16 août. — Arrêt du Parlement dispensant du guet les orfévres de Paris.

15 octobre. — Arrêt du Parlement pour les boulangers.

19 novembre. — Lettres patentes pour les imprimeurs.

7 décembre. — Sentence du Châtelet pour les potiers de terre.

21 août 1542. — *Vidimus* d'un arrêt du 11 janvier 1538 dispensant du guet les barbiers-chirurgiens.

Septembre. — Lettres patentes confirmatives des statuts pour les teinturiers de toile, fil et soie.

3 mars 1543. — Lettres patentes concernant les caractères gras fondus aux dépens du Roi, et Robert Estienne, imprimeur du Roi.

28 août. — Ordonnance de police concernant la vente du poisson d'eau douce.

21 septembre. — Lettres patentes pour les orfévres.

23 novembre. — Provisions de l'office de vendeur de marée (10 *décembre* 1543).

Novembre. — Lettres patentes établissant des écorcheurs de bœufs dans les boucheries de Paris.

8 décembre. — Lettes patentes sur le commerce de sel.

19 juillet 1544. — Lettres patentes pour faire fournir de vivres les armées, qui étaient lors en Picardie.

Juillet. — Lettres patentes sur les statuts des horlogers (Arrêt du 17 mars 1544).

____

(1) Registres du Châtelet de Paris, Bibl. nationale de Paris. (Manuscrits français, 8055.)

6 novembre. — Défense de vendre blé ailleurs qu'au marché (1).

19 novembre. — Lettres patentes prescrivant de faire un amas de salpêtre.

1544. — Privilége pour la confrérie de la Passion.

22 septembre 1545. — Lettres-patentes pour les ménétriers.

20 octobre 1546. — Taxe de la volaille, du gibier et du lardage des rôtisseurs.

20 novembre. — Lettres patentes pour les taverniers, hôteliers et le taux des vivres.

23 novembre. — Règlement sur la vente du blé, les porteurs de grains, les meuniers et les boulangers.

1546. — Lettres patentes levant les défenses faites aux rôtisseurs de vendre volailles ou gibier.

17 avril 1547. — Lettres patentes sur les gîtes et geôlages des pauvres prisonniers.

10 juillet. — Lettres concernant les ateliers publics.

31 décembre. — Ordonnance rendue sur requête présentée par les fripiers, tendant à ce que les revendeurs et colporteurs ne puissent étaler sur selle.

7 avril 1548. — Arrêt de mort prononcé par le Parlement contre un couturier recéleur.

22 avril. — Lettres patentes sur le commerce d'alun (23 août 1548).

28 avril. — Ordonnance de police sur la vente du poisson d'eau douce (Mai 1548).

21 août. — Lettres patentes défendant le transport de l'or et de l'argent hors de France.

Septembre. — Lettres pour les merciers.

1548. — Statuts des plombiers.

<hr>

(1) Registres du Châtelet de Paris. Bibl. nationale de Paris. (Manuscrits français, 8035.)

12 juillet 1549. — Lettres patentes sur le luxe des habits (17 octobre 1549. — 18 mai 1550).

12 novembre. — Lettres patentes pour la gendarmerie.

1549. — Statuts des bonnetiers, et lettres patentes les confirmant (1).

17 juillet 1551. — Lettres de privilége pour des instruments concernant les métaux.

13 février 1553. — Provisions d'imprimeur du Roi.

6 mai 1554. — Lettres patentes sur le nettoiement, les vagabonds et les oiseux.

7 octobre 1555. — Arrêt du Parlement sur les ceinturiers d'étain et ceinturiers de fer.

1555. — Lettres patentes et arrêt du Parlement sur les dissections anatomiques.

20 janvier 1856. — Statuts des faiseurs d'alènes et aiguilles.

6 février. — Lettres patentes pour les officiers d'artillerie.

6 mars. — Lettres patentes défendant aux brasseurs de vendre levûres, qui n'aient été visitées.

Mars 1556. — Lettres concernant les rôtisseurs et les poulailliers.

7 mars. — Lettres patentes concernant les serruriers, merciers, ferronniers.

27 avril 1558. — Lettres patentes pour les priseurs-vendeurs de meubles.

1558. — Statuts des doreurs sur cuir et lettres patentes.

16 mars. — Statuts des teinturiers de soie et toile.

Mars. — Lettres patentes portant création du métier de passementier d'or et d'argent.

Mars 1559. — Lettres patentes pour les rôtisseurs.

(1) Registres du Châtelet de Paris. Bibl. nationale de Paris. (Manuscrits français, 8055.)

Mars. — Lettres patentes pour la confrérie de la Passion (1).

28 juillet 1560. — Statuts des épiciers apothicaires.

Juillet. — Lettres patentes pour les porteurs de grains.

10 juillet 1561. — Lettres concernant les monnoyers.

8 octobre. — Lettre de privilége à Robert Étienne, pour l'impression des lettres royaux.

8 avril 1562. — Lettres patentes concernant les troubles et les faux bruits.

11 avril. — Arrêt du Parlement permettant aux savetiers d'employer un tiers de cuir neuf.

12 février 1563. — Arrêt du Parlement concernant l'imprimerie et la gravure.

Octobre 1563. — Lettres patentes sur les maîtres pêcheurs, marchands et poissonniers d'eau douce.

Octobre. — Lettres patentes pour les archers de la ville (11 *août* 1564).

26 novembre. — Lettres patentes pour la confrérie de la Passion.

6 juillet 1564. — Lettres patentes sur la police des vivres.

21 juillet. — Ordonnance de police pour les boulangers, pâtissiers, hôteliers, cabaretiers.

21 octobre. — Ordonnance de police défendant aux chandeliers de se mêler de donner des servantes, au préjudice des fonctions des quatre recommanderesses.

18 février 1565. — Arrêt du Parlement sur la police des imprimeries.

21 février 1565. — Lettres patentes sur la police des serviteurs et domestiques.

(1) Registres du Châtelet de Paris. Bibl. nationale de Paris. (Manuscrits français, 8035.)

23 juin. — Arrêt du Parlement pour les porteurs de grains (1).

Septembre. — Statuts des couteliers.

28 octobre 1565. — Lettres patentes concernant la marque des draps d'or, d'argent et de soie.

14 décembre. — Lettres patentes sur la police des arts et métiers.

Mars 1566. — Ordonnance des brodeurs.

Mars. — Statuts des tonneliers.

13 avril. — Requête présentée au Roi par les patenotriers, boutonniers d'émail (*Statuts. — Juillet* 1566).

Juin. — Lettres patentes pour les pêcheurs à verges.

6 juillet. — Lettres patentes de privilège pour la construction de certains bateaux.

25 juillet. — Lettres patentes sur l'entrée des marchandises étrangères.

Juillet. — Additions aux statuts des tailleurs d'habits (13 *août* 1566).

Juillet. — Statuts des patenotriers et boutonniers en émail.

Juillet. — Lettres patentes contenant les nouveaux statuts des pâtissiers.

Juillet. — Lettres patentes confirmatives des statuts des couvreurs.

Septembre. — Lettres patentes pour les chaudronniers et leurs statuts.

23 novembre. — Lettres patentes sur le port d'armes.

28 décembre. — Lettres patentes portant renvoi des statuts des vendeurs de vin.

Décembre. — Lettres patentes pour les hôteliers et les cabaretiers (9 *avril* 1561, 6 *août*).

(1) Registres du Châtelet de Paris. Bibl. nationale de Paris. (Manuscrits français, 8055,)

Février 1567. — Lettres patentes concernant les merciers (1).

Mars. — Lettres patentes pour les chirurgiens.

Avril. — Statuts concernant les vinaigriers.

1ᵉʳ juin. — Lettres pour empêcher les prêches des religionnaires.

18 octobre. — Arrêt du Parlement concernant les pâtissiers oublayers (4 *janvier* 1568).

Décembre. — Ordonnances des joueurs d'épée.

17 janvier 1568. — Sentence du Châtelet défendant aux merciers d'étaler plus de six chapeaux de feutre.

17 mars. — Lettres patentes sur le commerce des matières d'or et d'argent, les affineurs et les orfèvres.

Mars. — Lettres confirmatives des statuts pour les tapissiers.

11 août 1568. — Sentence du Châtelet condamnant un mercier en l'amende, pour avoir été trouvé travaillant à un chapeau.

6 décembre. — Lettres de cachet pour les paveurs.

23 décembre. — Arrêt du Parlement sur les prisons seigneuriales.

1568. — Arrêt du Parlement sur la sûreté publique pendant la nuit, par rapport aux gens de la religion réformée.

19 juin 1569. — Lettres de cachet concernant les assemblées illicites des gens de guerre.

31 août 1570. — Lettre de permission du Roi à un escrimeur et joueur d'épée.

Mai 1571. — Lettres patentes pour les compagnons imprimeurs (4 *octobre* 1571).

---

1) Registres du Châtelet de Paris. Bibl. nationale de Paris. Manuscrits français, 8057.

Juin. — Statuts des patenostriers tailleurs de corail, jais, ombre (1).

Octobre. — Statuts des haubergiers, tréfiliers et chaineliers.

13 février 1572. — Défense, par ordonnance de police, aux estuviers de coucher personne chez eux.

Mai 1575. — Lettres patentes concernant les drapiers.

Mai. — Lettres patentes pour les teinturiers du petit teint.

Mai. — Statuts des rôtisseurs.

10 octobre. — Lettres patentes pour les voitures publiques.

29 octobre. — Sentence du Châtelet portant réception d'un roi des joueurs d'instruments.

Décembre. — Statuts des artilliers, faiseurs d'arcs et de flèches.

Janvier 1576. — Lettres patentes pour les chirurgiens.

Mars. — Lettres patentes pour les ménétriers.

4 décembre 1577. — Privilége pour ouvrages de fonte.

18 mai 1580. — Arrêt du Parlement pour les verriers et patenostriers d'émail.

7 septembre 1581. — Lettres patentes sur le change ou trafic des deniers.

Juin 1584. — Statuts des racoutreurs de bas d'estame.

17 octobre 1584. — Lettres patentes pour les chapeliers.

19 octobre. — Lettres patentes pour les orfévres.

10 août 1585. — Union des deux métiers de pelletiers haubanniers et de pelletiers fourreurs d'habits.

3 septembre 1586. — Acte de réception, sur le livre

(1) Registres du Châtelet de Paris. Bibl. nationale de Paris. (Manuscrits français, 8055.)

de la Chambre criminelle, d'un exécuteur ou bourreau.

24 septembre. — Lettres patentes pour les marchands et courtiers de chevaux [1].

12 octobre. — Lettres patentes pour l'imprimerie et les imprimeurs.

20 avril 1594. — Provisions d'imprimeur du Roi.

Octobre. — Lettres patentes pour les chirurgiens.

21 avril 1599. — Arrêt du Parlement contre des capucins rebelles.

19 mai. — Arrêt du Parlement condamnant à mort deux laquais, pour insolences.

27 mai. — Privilége pour exercer le métier de cuisinier traiteur.

Juin. — Descente de la châsse de Sainte-Geneviève, pour les excessives chaleurs.

Octobre. — Lettres patentes pour les tonneliers.

22 octobre. — Lettres patentes pour prêcher l'Évangile aux prisonniers de la Conciergerie, Châtelet et autres prisons de Paris.

20 juillet 1600. — Statuts des horlogers.

27 octobre 1601. — Défense aux charretiers de monter sur leurs chevaux.

17 novembre. — Règlement sur le salaire des journaliers de campagne.

13 avril 1602. — Provision de messager juré de l'Université.

30 novembre. — Lettres de privilége d'orfévrerie et joyallerie.

16 février 1603. — Lettres patentes des sacs et paniers loués aux marchés de Paris.

Décembre 1604. — Lettres patentes pour les découpeurs.

(1) Registres du Châtelet de Paris. Bibl. nationale de Paris. (Manuscrits français, 8073.)

16 juillet 1608. — Lettre de compatibilité de l'office de trompette de la ville avec celui de trompette du Châtelet (1).

22 décembre. — Lettres patentes concernant les ouvriers logés ès galeries du Louvre.

14 mars 1609. — Lettres patentes pour les chirurgiens du Châtelet.

Avril. — Lettres patentes portant union à l'office de receveur du domaine, de ceux de concierge, garde et buvetier du Châtelet.

8 octobre. — Arrêt du Parlement sur l'opération de la pierre.

12 octobre. — Avis des officiers du Châtelet sur les statuts, demandés par les marbriers.

6 mars 1610. — Lettres patentes portant privilége pour la construction de certains fours.

24 avril. — Arrêt du conseil concernant le buvetier du Châtelet et le receveur des domaines.

Juillet. — Lettres patentes pour les vendeurs de poisson.

26 octobre. — Réception d'un des cent arquebusiers.

Décembre. — Lettres patentes pour les rôtisseurs (3 *mars* 1611).

27 décembre 1611. — Privilége pour les horloges singulières.

27 mai 1612. — Privilége pour la vente d'un secret contre la rouille.

Mai 1612. — Lettres patentes pour les taverniers, hôteliers et cabaretiers.

Septembre 1612. — Lettres patentes pour les fripiers.

Mars 1613. — Édit contre le luxe.

---

(1) Registres du Châtelet de Paris. Bibl. nationale de Paris. (Manuscrits français, 8055.)

Mai 1613. — Lettres patentes portant de nouveaux statuts pour les potiers d'étain (*Enregistrées au Parlement, 20 janvier* 1614).

3 mars 1614. — Statuts des pourpointiers.

1er octobre. — Déclaration concernant les religionnaires, les duels, la tranquillité publique, les jureurs et les blasphémateurs.

24 janvier 1615. — Privilége pour faire des eauxfortes.

Mars 1615. — Lettres patentes concernant des étaux de bouchers et une halle au marais du Temple.

22 août. — Sentence du Châtelet contre un libraire ayant imprimé un libelle.

28 août. — Statuts des ouvriers en draps d'or.

29 août. — Institution d'un archer pistolier à Paris.

5 juin 1617. — Lettres patentes concernant les pelletiers et bonnetiers.

14 juin 1619. — Provision et institution d'un archer de ville (1).

4 septembre 1621. — Sentence du Châtelet concernant les vingt-quatre maçons et charpentiers jurés.

Décembre 1625. — Statuts des brasseurs de Paris.

16 octobre 1626. — Privilége pour cuire tuiles et briques.

Avril 1627. — Lettres patentes pour les fournisseurs.

27 décembre. — Défense d'imprimer sans permission.

20 janvier 1628. — Lettres patentes défendant de composer et imprimer des almanachs.

----

(1) Le 13 octobre 1620, devant Hourdequin, notaire royal au bailliage d'Amiens, le chapitre de ladite ville traite avec Pierre Le Pescheur, maître facteur d'orgues à Paris, lequel s'oblige de faire à neuf les grandes orgues avec leur positif, ensemble les petites orgues proche la trésorerie, estant en ladite église Notre-Dame, et le tout rendre en bon et souffisant estat, pour le 1er juillet 1622, au prix de 2,700 livres, y compris les frais de voyage. Voir Pagès. — Manuscrits. (Édition Douchet.)

16 janvier 1637. — Statuts des tonneliers.

28 novembre 1638. — Lettres patentes et statuts des épiciers apothicaires.

8 avril 1639. — Arrêt du conseil pour les vingt-quatre courtiers de change.

Février 1642. — Statuts des taillandiers.

1er avril 1644. — Brevet concernant le gantier du Roi.

3 juillet et 3 août 1645. — Brevet pour l'établissement du spectacle d'animaux.

Août 1645. — Statuts des menuisiers.

9 mars 1647. — Brevet pour le baigneur étuviste du Roi.

26 février 1650. — Statuts des selliers carrossiers.

4 Juin. — Privilége pour la vente des estampes de Vouët.

17 décembre 1651. — Lettres d'imprimeur du Roi.

Mai 1653. — Lettres patentes d'établissement de port de lettres de Paris pour Paris.

Décembre 1654. — Lettres patentes concernant les parcheminiers.

15 février 1655. — Lettres d'union des ouvriers en draps d'or et d'argent avec les tissutiers (1).

Juillet 1656. — Statuts des grainiers.

3 septembre 1658. — Arrêt du Parlement concernant les apprentissages des arts et métiers.

24 septembre 1658. — Création des vendeurs de cuir.

Mai 1659. — Privilége pour les pipes à fumer.

Juillet 1659. — Statuts des plumassiers.

____

(1) Voir, dans *les Archives d'Eure-et-Loir*, si bien classées par l'érudit M. Lucien Merlet, les pièces concernant : les potiers d'étain, pâtissiers, épiciers-droguistes de Chartres ; les texiers en draps et toiles, boulangers, bouchers et rôtisseurs d'Épernon ; sergers d'Illiers ; barbiers de Châteauneuf ; merciers et droguistes de Janville ; potiers d'étain et ferblantiers de Châteaudun. — (Garnier, imprimeur à Chartres, 1867.)

Mai 1660. — Statuts des tailleurs d'habits (1).

27 août 1660. — Déclaration du Roi pour l'établissement de vingt-quatre vendeurs de volaille et autres denrées.

4 septembre 1660. — Arrêt du Parlement ordonnant que les jurés experts examineront et donneront leur avis sur la capacité des aspirants à la maîtrise des maçons.

9 septembre 1660. — Arrêt du Parlement concernant l'hôpital général.

6 octobre 1660. — Ordonnance du Châtelet commettant trois officiers du Châtelet, pour se transporter en province et y informer des abus, qui se commettaient dans le commerce des grains et en faire conduire à Paris.

8 octobre 1660. — Sentence du Châtelet contre quatre marchands de blé, qui en avaient emmagasiné (2).

12 octobre 1660. — Ordonnance du Roi portant défense à toutes personnes d'entreprendre aucuns bâtiments, tant dans Paris qu'à dix lieues à la ronde, sans la permission de Sa Majesté et ce, pour achever les bâtiments du Louvre et du palais des Tuileries.

16 octobre 1660. — Arrêt du Parlement ordonnant que les commissaires continueront leurs descentes dans les provinces et leurs informations touchant le commerce des grains (20 *octobre* 1660. — *Ordonnance du Châtelet, rendue en conséquence de l'arrêt ci-dessus*).

26 novembre 1660. — Sentence ordonnant que le procès sera fait aux coupables de malversation dans le commerce des grains et que les commissaires continueront leurs perquisitions et leurs informations.

27 novembre 1660. — Déclaration du Roi, contre le

(1) Registres du Châtelet de Paris. Bibl. nationale de Paris. (Département des manuscrits. — Collection Dupré. (Fr. 8046-8117.) — Voir Dom Lelong: Bibl. littéraire de France, n° 27662.

2. Registres du Châtelet de Paris, 8046-8055.

luxe des habits et des équipages ; interdiction en France des broderies et des dentelles (1).

10 décembre 1660. — Arrêt du Conseil qui défend d'arrêter les bateaux chargés de vivres pour Paris.

13 décembre 1660. — Arrêt du Parlement concernant la police des maisons religieuses.

17 décembre 1660. — Arrêt du Parlement concernant les chevaux de relais.

17 décembre. — Arrêt du Parlement concernant le Pont-Marie.

18 décembre 1660. — Déclaration concernant le port d'armes, la sûreté publique, le guet.

3 février 1661. — Arrêt concernant l'observation des dimanches et fêtes de la part des voituriers par eau.

9 et 16 février. — Arrêts du Parlement concernant les bouchers.

18 février 1866. — Arrêt du Parlement concernant le carême.

26 février 1661. — Arrêt du Conseil concernant la petite voirie.

11 mars 1661. — Sentence de police qui condamne en l'amende la garde de la barrière de la Tournelle, pour avoir refusé d'ouvrir la barrière à l'entrepreneur du nettoyage.

12 mars 1661. — Arrêt du Parlement concernant les brasseurs et les droits sur la bière.

17 mars 1661. — Arrêt du Parlement concernant l'établissement de la fête de Saint Joseph.

(1) Rien n'égala alors la colère des femmes, si ce n'est la satisfaction de leurs maris :

> Oh ! trois ou quatre fois béni soit cet édit,
> Par qui des vêtements le luxe est interdit.

MOLIÈRE (*École des Maris*, Sganarelle).

Mars 1661. — Fondation par le Roi d'une académie de danse à Paris (*Arrêt du Parlement.*— 30 *mars* 1661).

2 avril 1661. — Lettres patentes concernant le premier médecin.

7 avril 1661. — Arrêt du Parlement concernant le commerce de la marée.

28 avril 1661. — Arrêt du Parlement concernant la liberté des chemins, qui sont sur le bord de la rivière, du côté de la porte Saint-Bernard.

11 mai 1661. — Arrêt du Parlement qui défend aux particuliers de faire des loteries.

14 mai 1661. — Enregistrement des statuts des vinaigriers, nonobstant l'opposition des tonneliers.

— Arrêt du Parlement qui maintient les jurés jardiniers dans le droit de ventes, quatre fois l'année, des marais et jardins, tant des maîtres que des compagnons.

22 mai 1661. — Sentence de police concernant la liberté de la voie publique dans les marchés de Paris.

25 mai 1661. — Arrêt du Parlement concernant le Marché-Neuf et le poisson d'eau douce.

— Lettres patentes portant établissement d'un marché au poisson d'eau douce, rue de la Cossonnerie.

2 juin 1661. — Arrêt du Parlement concernant les apprentis des arts et métiers et l'établissement d'un bureau d'adresses à cet effet.

3 juin 1661. — Arrêt concernant les quêtes pour les pauvres prisonniers.

21 juin 1661. — Sentence de police portant règlement pour la fermeture des étaux de bouchers de Paris, aux heures y marquées.

13 août 1661. — Arrêt concernant le pâturage des bestiaux à Cormeil et Certrouville.

30 août 1661. — Arrêt du Conseil ordonnant que les

grains, achetés dans les provinces, pour les provisions de Paris, y seront amenés.

— Édit concernant les mendiants valides qui auront été amenés trois fois à l'hôpital général.

Septembre 1661. — Arrêt concernant un marché établi à la Croix-Rouge et des étaux de bouchers.

7 septembre 1661. — Sentence de la ville concernant la taxe du charbon.

— Arrêt du Parlement concernant les Facultés de droit, dans les universités de province.

28 septembre 1661. — Arrêt du Conseil concernant les marchands privilégiés de la garde-robe du Roi.

Septembre 1661. — Édit de règlement pour la fabrique des cartes, tarots et dés.

16 décembre 1661. — Arrêt du Parlement qui enjoint aux marchands poulaillers forains d'amener leurs marchandises directement sur le carreau de la Vallée de Misère.

Janvier 1662. — Lettres patentes pour l'établissement des voitures publiques à Paris (*Arrêt du Parlement,*— *4 février*).

23 janvier 1662. — Arrêt concernant la foire Saint-Laurent.

3 février 1662. — Arrêt du Parlement concernant le carême.

4 février 1662. — Arrêt du Conseil sur les difficultés faites à l'un des échevins de la ville de Paris à Châlons, dans la recherche des blés.

18 février 1662. — Ordonnance des commissaires du Parlement sur la police de la marée.

19 février 1662. — Ordonnance concernant la statue d'Henri IV, placée sur le Pont-Neuf.

27 février 1662. — Ordonnance pour la réforme des

abus commis par les maîtres de poste (*Déclaration du 6 mars* 1662).

23 mars 1662. — Arrêt du Conseil concernant l'étalonnage des mesures, les mesureurs de sel, la juridiction du bureau de la ville.

31 mars 1662. — Ordonnance du bureau de la ville concernant les abreuvoirs et les quais.

Mars 1662. — Lettres patentes portant permission de faire venir des bois flottés de la Lorraine, du Barrois et de la Champagne.

12 avril 1662. — Ordonnance du Châtelet concernant la distribution du blé, que le Roi avait fait venir pour remédier à la disette (26 *avril* 1662. — *Arrêt du Parlement sur le même sujet*).

9 mai 1662. — Ordonnance pour la distribution du pain du Roi.

15 mai 1662. — Arrêt du Parlement concernant les graveurs sur métaux et les merciers.

16 mai 1662. — Arrêt du Conseil pour faire venir à Paris des grains de la Picardie, du Havre, de Rouen, nonobstant les empêchements des officiers des lieux.

23 mai 1662. — Arrêt du Parlement concernant le nettoyement des rues.

26 mai 1662. — Arrêt du Parlement concernant les jeux prohibés, notamment le jeu de Hoca.

1ᵉʳ juin 1662. — Arrêt du Conseil concernant les bâtiments du Louvre.

10 juin 1662. — Arrêt concernant l'hôpital général.

12 juin 1662. — Arrêt du Parlement concernant la foire du Lendit.

16 juin 1662. — Arrêt concernant la liberté des arches et passage des ponts.

23 juin 1662. — Arrêt du Parlement rendu en faveur des merciers de Paris contre les selliers et les charrons.

(Autre rendue en faveur des merciers contre les épiciers.)

Juin 1662. —Édit d'établissement d'un hôpital général en chacune des principales villes du royaume.

13 juillet 1662. — Arrêt du Parlement qui défend d'acheter du blé en vert.

24 juillet 1662. — Arrêt du Parlement concernant les arquebusiers.

24 juillet 1662. — Déclaration du Roi réglant les fonctions des officiers vendeurs de cuir.

26 juillet 1662.— Sentence du Châtelet concernant les gantiers de Paris.

4 août 1662.— Arrêt du Parlement qui déclare que les suifs des maîtres chandeliers, destinés pour être vendus à la halle, ne peuvent être arrêtés ni retenus aux portes de Paris, pour raison des droits du poids le Roy.

21 août 1662. — Arrêt ordonnant l'enregistrement de l'édit d'établissement d'une halle au vin, proche la porte Saint-Bernard, nonobstant les oppositions formées.

26 août 1662. — Arrêt du Parlement confirmatif d'une sentence de l'Hôtel de ville, qui fait défense aux marchands de vin de vendre en gros, dans les caves ou ailleurs que sur la vente ou l'étape.

26 août 1662. — Arrêt du Parlement concernant les porte-lanternes et les porte-flambeaux de louage.

28 août 1662. — Arrêt du Parlement qui enjoint aux boulangers de marquer leur pain d'une marque, pour en faire connaître le véritable poids.

28 août 1662. —Arrêt du Parlement concernant la taxe des ports de lettres.

5 septembre 1662. — Arrêt du Parlement concernant le bois flotté.

5 septembre. — Arrêt concernant les cartiers.

23 septembre 1662. — Arrêt du Conseil pour le rétablissement des portes abandonnées ou mal fermées.

17 octobre 1662. — Arrêt du Conseil portant règlement entre les apothicaires de Paris et les apothicaires privilégiés.

26 octobre 1662. — Arrêt du Parlement pour le rétablissement des grands chemins.

27 octobre 1662. — Arrêt concernant l'imprimerie et les assemblées prohibées.

24 novembre 1662. — Arrêt du Conseil concernant la police des tueries de bestiaux, et la suppression de l'égout du faubourg Saint-Germain.

34 novembre 1662. — Arrêt du Conseil concernant l'académie de peinture.

13 décembre 1662. — Arrêt concernant les vagabonds.

20 janvier 1663. — Arrêt du Parlement concernant le carême.

22 janvier. — Arrêt pour le maintien des libertés de l'Église gallicane.

30 janvier 1663. — Arrêt du Parlement concernant la foire Saint-Laurent.

31 janvier 1663. — Arrêt du Parlement concernant les apothicaires et l'hôpital des Petites-Maisons (*Voir Arrêt du 14 février 1663*).

31 janvier 1663. — Déclaration du Roi portant règlement général pour la levée et perception des droits de péage, tant par eau que par terre.

8 février 1663. — Arrêt du Conseil concernant les maîtres peintres et sculpteurs et ceux de l'académie.

8 février 1663. — Arrêt du Parlement concernant les voitures, les enfants trouvés et l'hôpital général.

10 février 1663. — Arrêt du Parlement portant que la police extérieure de l'Église est une des principales parties de la police générale de l'État.

12 février 1663. — Arrêt du Conseil qui fixe les vacations des jurés-experts tant à la ville qu'à la campagne.

12 mars 1663. — Ordonnance du colonel des gardes françaises concernant les archers de l'hôpital général.

Mars 1663. — Lettres patentes exemptant par l'article 20 les cinquanteniers et dixeniers de toute commission de police, lanternes et paiement d'icelles ; ils ne sont exempts des taxes des boues et des pauvres.

30 avril 1663. — Arrêt du Parlement portant règlement pour le nettoiement de la ville et des faubourgs de Paris.

Avril 1663. — Édit contre les relaps de la religion prétendue réformée.

21 mai 1663. — Arrêt du Parlement concernant les précautions contre les incendies, par rapport aux marchands de poudre à canon.

18 juillet 1663. — Ordonnance du Roi contre le luxe.

9 juillet 1663. — Arrêt concernant les merciers et le commerce de poudre à canon.

— Statuts des cuisiniers traiteurs de Paris (*confirmés par lettres patentes d'août* 1663).

12 juillet 1663. — Sentence de la prévôté de l'Hôtel concernant l'exemption du logement des gens de guerre accordée aux archers de la ville.

13 juillet 1663. — Arrêt du Parlement portant règlement pour remédier à la disette de bois de chauffage à Paris.

31 juillet 1663. — Arrêt du Parlement et lettres patentes relatives aux fourbisseurs de Paris.

3 août 1663. — Arrêt du Parlement concernant les maisons religieuses, qui ne sont pas un asile pour les criminels.

11 août 1663. — Arrêt du Parlement concernant les ports de la porte Saint-Bernard.

31 août 1663. — Arrêt du Parlement concernant les étaux à bouchers et les tueries.

7 septembre 1663. — Arrêt du Parlement concernant le port d'armes, de la part des plaideurs.

26 septembre 1663. — Arrêt contre les académies de jeux.

23 octobre 1663. — Arrêt du conseil concernant les marchands privilégiés de la garde-robe du Roi.

7 décembre 1663. — Arrêt du Parlement concernant la contagion.

24 décembre 1663. — Statuts de l'Académie royale de peinture, confirmés par lettres patentes du même mois.

Décembre 1663. — Lettres patentes confirmatives des statuts des taillandiers.

— Lettres patentes pour le privilége exclusif des chaises roulantes, dites de crénau (*Origine des chaises de poste*).

4 janvier 1664. — Arrêt concernant la bibliothèque du Roi.

16 janvier 1664. — Arrêt concernant l'embellissement de la ville et le Pont-Marie.

15 février 1664. — Bulle d'Alexandre VII concernant le livre de Jansenius.

21 février 1664. — Lettres patentes qui renvoient au Parlement les offres du nommé Rebuy, de construire des locaux pour les tueries de bestiaux des bouchers de Paris.

5 mars 1664. — Arrêt du Parlement concernant la contagion.

26 mars 1664. — Arrêt du Parlement qui partage la taille aux salines en trois parties: les deux premières pour les marchands de vins et l'autre tiers pour les forains (*Voir arrêt du 27 mars 1664*).

5 avril 1664. — Sentence de police qui défend aux revendeurs de se placer au devant des colléges, pour y vendre fruits et denrées.

8 avril 1664. — Arrêt du Parlement concernant les boursiers, doreurs sur cuir, peaussiers, merciers, tailleurs-pourpointiers.

17 avril 1664. — Sentence du bureau de la ville concernant le privilége des archers de la ville pour la vente de leurs vins, contre les jurés vendeurs et contrôleurs de vins.

Avril 1664. — Édit ordonnant l'enregistrement des bulles des papes Innocent X et Alexandre VII touchant les propositions de Jansenius.

3 mai 1664. — Arrêt du Parlement concernant les Bohémiens.

7 mai 1664. — Arrêt du Parlement portant règlement pour le rétablissement de la voirie de Saint-Antoine (*Voir arrêt du 7 juin* 1664).

8 mai 1664. — Arrêt du Parlement concernant les chaircuitiers.

13 mai 1664. — Arrêt du Conseil portant exemption du logement des gens de guerre en faveur des officiers et archers de la Ville.

24 mai 1664. — Arrêt du Parlement interdisant le commerce avec les villes de Hollande, affligées de la maladie contagieuse (*Voir arrêt du 19 août* 1664).

21 juin 1664. — Arrêt concernant le Pont-Marie.

26 juin 1664. — Arrêt concernant les libraires, reliçurs, peaussiers.

16 juillet 1664. — Arrêt de la Cour des aides concernant le privilége des archers de ville pour le vin de leur crû.

6 août 1664. — Sentence du Châtelet de Paris ordonnant que chacun des anciens cordonniers de Paris conduise, à son tour, les aspirants à la maîtrise.

23 août 1664. — Sentence du bureau de la Ville concernant les droits sur le bois à brûler.

Août. — Édit pour l'établissement de la Compagnie des Indes.

4 septembre 1664. — Arrêt du Parlement concernant la foire Saint-Laurent.

6 septembre 1664. — Arrêt concernant les imprimeurs.

10 septembre 1664. — Lettres patentes pour l'établissement à Paris des voitures publiques, nommées calèches.

23 septembre 1664. — Arrêt du Parlement concernant l'Hôpital général.

Septembre 1664. — Lettres patentes confirmatives des statuts des fripiers de Paris.

Septembre 1664. — Édit portant que les sages-femmes de Paris seront admises à la confrérie des maîtres chirurgiens de la même ville, et création de deux offices de sages-femmes jurées au Châtelet de Paris.

15 octobre. — Arrêt du Conseil concernant les marchands de vin privilégiés au sujet de leur commerce.

17 novembre 1664. — Arrêt du Parlement concernant les 48 barbiers-baigneurs.

19 novembre. — Arrêt du Parlement concernant la contagion.

28 novembre. — Arrêt concernant la sûreté publique, la visite des chambres garnies, les jeux prohibés, les fonctions des commissaires.

21 décembre. — Lettres confirmant le privilége accordé à M. de Givry pour l'établissement des carrosses de louage, dans Paris.

29 décembre. — Ordonnance sur les passements de soie, d'or et d'argent.

5 janvier 1665. — Arrêt du Parlement concernant les petites écoles de Paris.

26 février. — Arrêt qui permet aux marchands de

saline d'envoyer aux pays d'amont le tiers de leurs marchandises.

26 mars. — Arrêt du Conseil qui défend aux bouchers et charcutiers d'acheter des veaux et des porcs, en dedans de vingt lieues autour de Paris.

31 mars. — Arrêt du Conseil qui permet à toutes personnes de faire le commerce de vin, en se faisant inscrire à l'Hôtel de Ville.

Avril. — Édit d'établissement d'une maison de refuge pour les filles et femmes débauchées.

5 mai. — Arrêt concernant les chasse-marées.

6 mai. — Arrêt enjoignant à tous imprimeurs et libraires d'observer leurs règlements, sur le fait de l'impression, et leur fait défense d'imprimer aucun écrit sans la permission du magistrat et juge ordinaire, à peine de punition exemplaire.

8 mai. — Arrêt du Conseil concernant les marchands privilégiés de la garde-robe du Roi.

18 mai 1665. — Arrêt du Parlement concernant l'Hôpital général.

29 mai. — Arrêt du Parlement portant règlement pour la discipline de la communauté des boulangers, leur réception à la maîtrise, les élections et les redditions des comptes des jurés et des maîtres de confréries.

5 juin. — Arrêt concernant les filles et femmes repenties.

13 juin. — Arrêt concernant les mendiants.

13 juin. — Arrêt concernant l'hôpital de la Trinité.

16 juin. — Arrêt concernant les artisans logés en dehors du Val-de-Grâce.

16 juin. — Arrêt concernant le port d'armes de la part des pages et laquais dans les villes de province.

30 juin. — Arrêt concernant le port d'armes, pour les écoliers.

27 juillet. — Sentence du bailliage du Palais, concernant la réception d'un apothicaire de la religion prétendue réformée.

18 juillet. — Arrêt concernant les maîtres peintres.

26 juillet. — Ordonnance concernant les pèlerinages.

Juillet. — Lettres patentes concernant les fourbisseurs de Paris.

18 août. — Arrêt du Parlement concernant le port d'armes de la part des pages et laquais dans les villes de province.

22 août. — Arrêt du Parlement concernant les tapissiers et les maîtres de leur confrérie (6 *septembre*, *sentence du Châtelet*).

Août. — Lettres patentes pour l'établissement d'une halle aux volailles, agneaux, cochons de lait, œufs, beurre et fromage.

Août. — Statuts des maîtres bourreliers (*Voir* 11 *décembre* 1665).

28 novembre. — Arrêt défendant de porter des cuirs ailleurs qu'à la halle de Paris.

9 février 1666. — Arrêt du Parlement qui fixe l'époque de l'usage du chocolat.

Février. — Lettres patentes confirmatives des priviléges des statuts des marchandes linières, chanvrières et filassières de Paris.

26 mars 1666. — Arrêt du Parlement concernant la confrérie des marchands du Marché-Neuf.

27 mars. — Arrêt du Parlement concernant l'usage du vin émétique (29 *mars* 1666). Décret de la Faculté de médecine plaçant l'émétique au nombre des remèdes (*Arrêt du* 10 *avril*).

8 avril. — Arrêt du Conseil rendu entre les marchands ouvriers en draps d'or, d'argent et de soie, d'établisse-

ment royal et les tissutiers rubanniers de Paris (*Lettres patentes*).

10 avril. — Arrêt du Parlement portant règlement entre les marchands vinaigriers et les épiciers.

19 avril. — Arrêt du Parlement concernant les vitriers.

Avril. — Édit portant règlement pour l'établissement des lanternes et le nettoyement des boues dans la ville et faubourgs de Paris.

Avril. — Édit concernant les chirurgiens, apothicaires et barbiers.

10 mai. — Mandement de l'archevêque de Paris touchant les petites écoles de Paris.

12 mai. — Ordonnance de police concernant la liberté de la voie publique, dans les marchés et places de Paris.

3 juillet 1666. — La peste existe à Paris ; ordonnance de police touchant les lieux où l'eau pour boire doit être puisée, — concernant le nettoyement et les bordels.

21 juillet. — Arrêt du Conseil concernant la fabrique des chapeaux et les fonctions des commissaires au Châtelet, en matière de visitation des arts et métiers.

26 juillet 1666. — Ordonnance concernant ce qui doit être observé par les voituriers, pour la conduite des poudres, pour éviter les incendies.

Juillet. — Lettres patentes concernant l'établissement d'une manufacture de bas et autres ouvrages au métier (*Arrêt du 6 août*).

12 août. — Arrêt du Parlement concernant les religieuses vagabondes.

18 août. — Arrêt du Parlement concernant les gazettes à la main, les libelles et la police de l'imprimerie.

19 août. — Arrêt concernant la police des colléges.

19 août. — Arrêt du Parlement concernant les sages-femmes.

Août. — Lettres patentes concernant les statuts des

marchands teinturiers, en grand et bon teint, de draps, serges et autres étoffes de laine.

3 septembre. — Arrêt du Parlement portant vérification des lettres patentes pour l'établissement des voitures de louage dans Paris.

16 septembre. — Arrêt du Parlement rendu en faveur des gantiers de Paris contre les merciers.

12 octobre. — Ordonnance de police du bureau de la Ville concernant le nettoiement du quai de Gesvres, et ce que les bouchers et les tripiers doivent observer à cet égard.

20 octobre. — Ordonnance de Mgr l'archevêque de Paris touchant les fêtes, qui doivent être observées dans le diocèse.

24 octobre 1666. — Ordonnance du Roi pour la réformation de l'Université.

26 octobre. — Ordonnance des trésoriers de France concernant les serpillières des marchands.

13 novembre. — Ordonnance de police qui défend de jeter de l'eau par les fenêtres.

19 novembre. — Arrêt du Conseil portant règlement sur le fait de l'étalage des marchands.

26 novembre. — Arrêt du Conseil qui révoque les concessions d'eau faites aux particuliers.

27 novembre. — Lettre de cachet du Roi adressée au Parlement pour l'observation des fêtes.

2 décembre. — Arrêt du Conseil qui permet de vendre des agneaux depuis Pâques jusqu'à la Pentecôte seulement.

3 décembre. — Sentence du bureau de la Ville concernant les chandeliers et le commerce de charbon à petites mesures.

19 décembre. — Ordonnance de police réglant le temps que les bateaux chargés de foin peuvent tenir port.

Décembre 1666. — Édit du Roi pour la police et la sûreté de la ville de Paris (pistolets de poche, épées, armes à feu, Bohémiens et Égyptiens, vagabonds, colléges et académies fermés le soir, cabarets à vin et à bière, tabagies, académies de jeu, chirurgiens).

Décembre. — Édit concernant les formalités nécessaires pour l'établissement des commnnautés et maisons religieuses.

Décembre. — Lettres patentes concernant l'établissement des voitures publiques dans Paris.

27 janvier 1667. — Arrêt du Parlement concernant l'observation du carême.

3 mars. — Arrêt du Parlement concernant les enfants trouvés.

15 mars. — Arrêt du Parlement rendu entre les boursiers et les peaussiers.

21 mars. — Arrêt du Conseil portant règlement pour le charbon amené par terre à Paris.

31 mars. — Arrêt du Parlement concernant la police des maisons religieuses.

31 mars. — Arrêt du Conseil qui règle l'échantillon du pavé qui doit être employé aux grands chemins.

1er avril 1667. — Sentence de police portant règlement pour l'écoulement du sang des échaudoirs des bouchers de Paris.

20 mai. — Ordonnance de police qui défend de tirer des pétards et fusées dans les rues.

21 mai. — Ordonnance de police qui fixe les heures où les rôtisseurs peuvent acheter des marchands forains.

— Ordonnance concernant la police des ouvriers qui travaillent aux bâtiments.

Mai. — Lettres de translation, sur le terroir de Sceaux, des foires et marchés tenus à Bourg-la-Reine.

4 juin. — Ordonnance de police faisant défense de nourrir des lapins, poules, pigeons, porcs à Paris.

8 juin. — Ordonnance pour la police de la rivière, par rapport à la santé.

10 juin. — Ordonnance de police concernant les registres des messagers et voituriers.

13 juin. — Arrêt du Parlement concernant la halle aux toiles et au blé.

21 juin. — Procès-verbal des trésoriers de France pour marquer l'étendue de la halle au poisson d'eau douce dans la rue de la Cossonnerie.

6 juillet. — Arrêt du Parlement concernant les maîtres à danser et les Pères de la doctrine chrétienne.

15 juillet. — Ordonnance de police contre les académies de jeu.

26 juillet. — Ordonnance de police concernant les visites, qui doivent être faites dans les moulins et maisons des meuniers.

5 août. — Ordonnance concernant les écorcheurs ou équarisseurs, vidangeurs, bouchers.

17 août. — Arrêt du Conseil concernant les marchands et mouleurs de bois.

18 août. — Sentence du bureau des trésoriers de France concernant la hauteur des bâtiments.

3 septembre. — Arrêt du Parlement portant règlement contre les danses publiques, qui se font pendant les foires et marchés, dans les provinces, avec défense de tenir les foires pendant les fêtes solennelles.

3 septembre. — Arrêt du Parlement concernant le commerce de saline.

10 septembre. — Arrêt du Parlement concernant l'Université de Paris.

19 septembre. — Ordonnance de police défendant de vendre du raisin, à certains jours.

27 septembre. — Ordonnance de police pour l'augmentation des lumières publiques.

6 octobre. — Arrêt du Conseil portant règlement pour les imprimeurs et libraires.

13 octobre. — Arrêt concernant les merciers, grossiers, touailliers de Paris.

15 octobre. — Arrêt du Parlement concernant les sages-femmes.

27 octobre 1667. — Arrêt du Conseil qui pourvoit au payement de l'illumination des rues de Paris. (*Voir arrêt du 9 octobre* 1669.)

— Arrêt du Conseil concernant les droits dus aux mouleurs de bois.

8 novembre. — Arrêt du Conseil concernant les maîtres chapeliers.

17 novembre. — Règlement du Conseil concernant les postes et messageries.

— Déclaration du Roi portant défense de porter des étoffes, passements d'or et d'argent, et même des dentelles de fil des pays étrangers.

— Édit d'établissement d'une manufacture des meubles de la couronne aux Gobelins.

15 décembre. — Arrêt du Parlement concernant les apothicaires et les épiciers.

22 décembre. — Arrêt du Conseil concernant les graveurs et imprimeurs qui travaillent sur les bâtiments et antiques du Roi.

2 janvier 1668. — Arrêt du Parlement concernant les crieurs et les tapissiers, qui maintient ces derniers dans le droit de tendre aux convois de leurs parents.

9 janvier. — Arrêt du Parlement concernant le marché aux bestiaux de Sceaux.

1 février. — Ordonnance du Roi pour la conservation des promenades du Cours-la-Reine et des Champs-Elysées.

20 mars. — Sentence de police concernant les maîtres chirurgiens.

24 mars. — Arrêt du Parlement concernant les gardes de la halle au poisson de mer.

26 mars. — Arrêt du Conseil qui règle l'échantillon du pavé, qui doit être employé aux grands chemins.

27 mars. — Arrêt du Parlement concernant les apprentissages, les droits et fonctions du procureur du Roi au Châtelet de Paris, les élections des administrateurs des confréries, la reddition des comptes et lettres domaniales.

Mars. — Lettres patentes d'établissement d'une manufacture de rubans à Paris.

17 avril. — Sentence du Châtelet de Paris concernant les libraires, relieurs, peaussiers.

18 avril. — Arrêt du Parlement qui interdit le commerce avec la ville de Soissons, à cause de la contagion.

26 avril. — Arrêt du Parlement pour changer la route des coches et messagers de Laon, à cause de la contagion.

28 avril. — Arrêt du Parlement qui défend aux détailleurs de poisson d'en vendre de mauvais.

8 mai. — Arrêt du Parlement qui autorise l'usage du vin émétique composé d'antimoine.

14 mai 1668. — Déclaration du Roi concernant l'exemption de la taille en faveur des maîtres des postes.

27 août 1668. — Arrêt du Conseil privé concernant les épiciers-ciriers.

31 août. — Arrêt du Parlement portant rétablissement du commerce avec la ville de Soissons, à cause de la cessation de la maladie contagieuse.

24 septembre. — Ordonnance du prévôt de Paris touchant les latrines.

23 octobre. — Arrêt du Conseil pour la pacification des

troubles, causés dans l'Église, au sujet du livre de Jansénius.

Octobre. — Lettres patentes concernant la confrérie de Saint-Michel, en la chapelle du palais.

1er décembre. — Arrêt du Parlement concernant une manufacture de savon.

5 décembre. — Arrêt du Parlement concernant les carrosses de louage à Paris.

19 décembre. — Ordonnance de police du bureau de la Ville concernant les charretiers, planchéieurs, débardeurs, gagne-deniers travaillant sur les ports.

22 décembre. — Arrêt du Parlement concernant la foire Saint-Germain.

22 décembre. — Sentence du bureau de la Ville concernant la liberté de la navigation nécessaire pour le commerce.

31 décembre. — Arrêt du grand Conseil concernant l'exercice de la médecine à Paris.

11 janvier 1669. — Ordonnance de police concernant les lanternes publiques.

12 janvier. — Ordonnance concernant la taxe des postes de traitte en traitte.

31 janvier. — Procès-verbal de M. du Laurens, conseiller au Parlement, contenant les avis des médecins et bourgeois de Paris sur l'usage de la levure de bière, dans la façon du pain.

15 février. — Sentence du bureau de la ville concernant les marchands d'eau-de-vie.

25 février. — Arrêt du Parlement concernant les colléges.

26 février. — Ordonnance concernant les maîtres de postes.

12 mars. — Ordonnance de police qui fixe le prix de la chandelle.

5 avril. — Arrêt du Parlement concernant le prix des ardoises.

11 avril. — Ordonnance de police qui défend d'imprimer d'autre catalogue des médecins que ceux de la Faculté de Paris.

25 avril. — Arrêt du Conseil portant règlement sur le fait des chaises à porteur.

4 mai. — Arrêt du Conseil qui défend d'apposer aucunes affiches, sans permission du magistrat de police.

5 juin 1669. — Ordonnance de police concernant les serviteurs et domestiques.

28 juin. — Lettres patentes portant permission d'établir à Paris et dans les autres villes du royaume des académies de musique ou opéra.

1ᵉʳ juillet. — Arrêt du Conseil qui ordonne la construction du quai Malaquais.

Août. — Statuts des maîtres teinturiers en soie, laine et fil du royaume ; il leur est permis (art. 87. d'avoir à leurs maisons des perches, qui ne pourront passer la moitié de la rue et les étoffes qu'ils y mettront, ne pourront descendre qu'à trois toises près de terre.

30 août. — Ordonnance concernant les passeports nécessaires pour courir la poste.

18 octobre. — Sentence de police qui défend aux maîtres chaircuitiers de recevoir des compagnons, qui sortiront de chez un autre maître, avant la fin de l'année de service.

2 janvier 1670. — Arrêt du Parlement qui défend à tous médecins et chirurgiens d'exercer la transfusion du sang, à peine de punition corporelle.

18 juillet. — Sentence de police ordonnant que les marchands de foin, qui ont leurs bateaux les plus proches du port n'empêcheront d'acheter aux bateaux plus éloignés.

15 avril 1671. — Ordonnance de police pour faire vider les caves des eaux, qui y étaient entrées par le débordement de la rivière.

28 avril. — Ordonnance de police concernant les voitures publiques, nommées brouettes.

Décembre. — Déclaration du Roi qui règle l'administration du Jardin royal des plantes médicinales.

22 janvier 1672. — Arrêt du Parlement qui défend à toutes personnes de fréquenter les cabarets et cafés, pendant la nuit et l'office divin.

26 janvier. — Ordonnance de M. le lieutenant de police portant défenses à tous maîtres maçons, charpentiers et autres de poser aucuns âtres ou foyers de cheminées, sur poutre ou solives, et de faire passer aucune pièce de charpenterie au dedans des tuyaux, avec injonction à tous propriétaires et locataires de maisons de faire nettoyer soigneusement les cheminées des lieux qu'ils habitent.

26 février. — Arrêt du Parlement concernant les dissections anatomiques.

Février. — Lettres patentes concernant les statuts des ouvriers en bas de soie.

11 juin. — Ordonnance qui défend de tirer des fusées dans les rues aux Fête-Dieu, Saint-Jean-Baptiste et Sainte-Geneviève.

6 décembre. — Ordonnance de police pour contraindre les marchands de poissons d'eau douce à se retirer dans leur halle, rue de la Cossonnerie.

Décembre. — Édit concernant la police de Paris et la juridiction du prévôt des marchands et échevins de ladite ville (*Voir l'ordonnance de février* 1415.)

11 février 1673. — Arrêt du Parlement qui défend aux savetiers de Paris de n'employer qu'un tiers de cuir neuf dans les bottes qu'ils font.

8 mars. — Arrêt du Conseil concernant la taxe des ports de lettres.

9 et 13 mars. — Arrêt du Parlement pour la correction des enfants mineurs.

Mars. — Édit du Roi pour la création de vingt-quatre offices de vendeurs de volaille.

30 avril. — Ordonnance qui règle le nombre de musiciens que les comédiens peuvent avoir.

6 mai. — Arrêt du Conseil concernant les barbiers, perruquiers, baigneurs, étuvistes.

2 juin. — Arrêt du Parlement qui défend d'aller au devant des voitures de vin pour les décharger.

15 juin. — Arrêt du Parlement qui commet le commissaire Camyn pour s'informer d'une maladie épidémique qui était à Melun (*Autre arrêt du 22 juin* .

11 août. — Arrêt du grand Conseil qui fait défense aux cabaretiers de mettre dans le vin de la colle de poisson, ni d'autres ingrédients.

22 août. — Arrêt du Parlement portant règlement pour les carrosses de louage dans Paris.

Août. — Lettres patentes confirmatives des priviléges des emballeurs, chargeurs et déchargeurs sous corde à Paris (*Édit de février* 1620).

2 septembre. — Arrêt du Parlement qui oblige les maîtres maçons à prêter serment entre les mains du procureur du Roi au Châtelet.

4 septembre. — Arrêt du Parlement confirmatif d'une sentence du Châtelet de Paris portant que les marchands forains de bestiaux demeureront garants, pendant neuf jours, de la mort des bœufs par eux vendus.

6 novembre. — Arrêt du Conseil qui permet aux chirurgiens, à leurs veuves et apprentis de faire la barbe, seulement leur défend de vendre des cheveux.

3 décembre. — Ordonnance de M. de Louvois, surin-

tendant des Postes, qui enjoint aux fermiers des Postes d'établir un troisième commis ou courrier ordinaire de Paris à Metz.

22 janvier 1674. — Ordonnance de police concernant la sûreté publique au spectacle de l'Opéra.

Mars. — Arrêt du Conseil portant que les barbiers perruquiers de Paris seront reçus par le premier chirurgien du Roi (*Voir les statuts du 14 septembre 1673.*)

11 avril. — Arrêt du Conseil concernant les droits établis sur le papier et le parchemin.

17 avril. — Arrêt de la Table des Eaux et forêts contenant règlement pour la chasse et la vente du gibier.

21 juillet. — Arrêt du Conseil qui ordonne que les étoffes arrivant à la Halle aux draps et aux foires seront marquées par les maîtres et gardes de la draperie et mercerie conjointement.

6 août 1674. — Arrêt du Parlement concernant les maîtres peintres, les marchands éventaillistes et les marchands merciers.

8 août. — Arrêt du Parlement concernant les sages-femmes jurées au Châtelet de Paris.

7 septembre. — Arrêt du Parlement qui rétablit la communauté des maîtres cordonniers de Paris dans la jouissance de dix-sept piliers, rue de la Tonnellerie.

30 mars 1675. — Lettres patentes portant érection de la communauté des couturières de Paris.

17 octobre. — Lettres patentes concernant le privilége de faire des perruques au métier.

8 novembre. — Sentence de police qui défend aux fermiers des voitures publiques et aux cochers d'embarrasser la voie publique avec leurs voitures.

28 janvier 1676. — Lettres patentes et statuts des limonadiers de Paris.

7 mars. — Arrêt du Conseil qui fait défense aux entre-

preneurs de bâtiments et maîtres maçons de se dire architectes, s'ils ne sont reçus de l'Académie.

28 mai. — Ordonnance de police contre le hocca, jeu de hasard.

5 juillet. — Ordonnance défendant aux bouchers d'acheter aucuns bestiaux, dans les vingt lieues autour de Paris, ailleurs que dans les marchés publics.

16 octobre. — Ordonnance pour la conservation des cygnes, placés sur la rivière de Seine, aux environs de Paris.

16 octobre. — Ordonnance du Roi portant défense de bâtir, dans les lieux et places, qui pourraient convenir aux bâtiments de son château de Saint-Germain en Laye.

Novembre. — Lettres patentes confirmatives des statuts des maîtres de jeux de paume, faiseurs de balles et raquettes, à Paris.

22 décembre. — Arrêt du Parlement concernant l'Académie de peinture et sculpture.

3 février 1677. — Arrêt du Parlement qui maintient et garde les maîtres chandeliers de Paris dans la possession et jouissance de vendre et débiter en regrat et détail des sabots, fourches, pelles, battoirs.

4 février. — Arrêt du Parlement qui ordonne qu'aucun ne sera reçu marchand boucher qu'il n'ait fait chef-d'œuvre, s'il n'est pas fils de maître, né depuis la maîtrise de son père.

21 février. — Arrêt du Parlement qui défend aux boulangers du faubourg Saint-Antoine de vendre du petit pain.

22 février. — Arrêt du Parlement qui règle les fonctions et droits des langueyeurs de porcs.

27 février. — Règlement pour les apothicaires, épiciers, touchant la vente de l'arsenic, sublimé et autres drogues, dont on peut faire un très-mauvais usage (Or-

donnance rendue au sujet de l'assassinat du commissaire des Clairsains).

21 août 1677. — Lettres patentes concernant les bouquetières (21 *janvier* 1678).

16 décembre 1678. — Ordonnance de police défendant aux maîtres chandeliers d'acheter leurs suifs ailleurs qu'aux marchés.

Avril 1679. — Lettres patentes confirmatives des statuts des maître faiseurs d'instruments de musique à Paris.

Avril.— Édit portant règlement pour l'étude du Droit civil et canonique.

8 mai. — Arrêt du Parlement concernant la Faculté de droit de l'Université de Paris.

19 août. — Arrêt du Parlement concernant la nourriture des enfants trouvés, sans le secours des nourrices.

5 septembre. — Arrêt du Parlement concernant les vitriers et le commerce de verrerie.

14 octobre. — Déclaration confirmant les lettres patentes du premier chirurgien du Roi.

31 octobre. — Sentence de police concernant les chandeliers et fixant à sept sols la livre, le prix de la chandelle.

14 décembre. — Nouveau règlement pour la punition des duels.

30 décembre. — Règlement pour le corps des marchands orfèvres de Paris.

Décembre. — Règlement pour les statuts des teinturiers du petit teint de Paris.

15 février 1680. — Arrêt du Parlement concernant les pauvres Savoyards et autres, et l'hôpital général.

1er mars. — Ordonnance de Police portant défense aux entrepreneurs du nettoiement, vidangeurs et autres, de

jeter aucunes immondices sur le chemin de la Salpé-
trière.

17 mai. — Ordonnance pour la conservation des affiches, et défense d'en apposer sans permission.

24 mai. — Arrêt du Parlement concernant la Faculté
de droit de l'Université de Paris.

Juin. — Édit portant défense aux catholiques de quitter leur religion pour professer la Réforme.

Juin. — Ordonnance sur le fait des entrées, aides,
droits sur le vin, bière, cidre, poiré, bois, fer, poisson de
mer, bétail à pied fourchu, papier, chambres garnies.

3 juillet. — Arrêt du Conseil qui défend de courir la
poste à deux personnes, dans une même chaise.

1ᵉʳ septembre. — Arrêt du Parlement portant règlement entre les marchands fruitiers et les apothicaires de
Paris, pour les fromages, œufs et fruits.

16 septembre et 23 novembre. — Arrêts du Parlement
contre le hocca, la bassette, jeux de hasard prohibés à
Paris et dans les provinces.

29 novembre. — Lettres patentes portant permission
aux taverniers d'acheter du vin au delà de vingt lieues et
de fournir des tables, nappes, assiettes aux consomma-
teurs.

3 et 16 mars 1681. — Arrêt du Parlement ordonnant
que les poissons passant de la mer dans les rivières seront
réputés poissons de mer.

12 mars. — Statuts des crieurs de vieux fers et vieux
drapeaux (*Lettres patentes de mai* 1686).

10 juin 1681. — Contrat de vente du privilége des
perruques au métier à la Communauté des barbiers, perruquiers, baigneurs-étuvistes (*Lettres patentes du* 12
juillet 1681).

31 juillet 1681. — Ordonnance du prévôt des marchands pour obliger les habitants, en cas d'incendie, à

aller prendre les outils nécessaires, dans les maisons des officiers de ville.

Juillet 1681. — Lettres patentes portant union des distillateurs et des limonadiers.

5 septembre 1681. — Arrêt du Parlement qui défend d'amener à Paris du hareng bouffi.

— Arrêt du Parlement qui ordonne que les huîtres en écaille seront visitées par les vendeurs de marée.

20 avril 1684. — Règlement pour la réception des garçons, filles et femmes débauchées, qui méritent d'être mis à l'hôpital.

Avril 1684. — Ordonnance concernant le luxe, les étudiants en droit et le port d'armes.

1ᵉʳ janvier 1685. — Ordonnance du Roi pour maintenir la tranquillité publique à la comédie.

31 mars 1685. — Arrêt du Parlement concernant les maîtres peintres et sculpteurs de Paris, lequel fait défense aux particuliers de faire aucune vente publique de tableaux.

7 janvier 1686. — Déclaration du Roi qui défend les pèlerinages, hors du royaume, sans la permission de S. M. et celle des Evêques.

Mai 1686. — Lettres patentes confirmatives des statuts des crieurs de vieux fers et vieux drapeaux.

6 août. — Sentence de police qui ordonne que toutes les portes et issues, qui sont dans la halle au blé, seront fermées avec chaînes et cadenas, les nuits et les jours de fêtes et dimanches.

Août. — Edit portant règlement pour la communauté des libraires-imprimeurs de Paris (*fondeurs de caractères d'imprimerie, colporteurs de libelles diffamatoires*).

12 octobre 1686. — Déclaration du Roi portant peine des galères contre les mendiants valides.

24 décembre 1686. — Ordonnance de police rendue sur les libelles, publiés par Antoine Furetière, au sujet de son différend avec l'Académie française.

4 février 1687. — Déclaration du Roi sur la fabrication des pièces d'orfévrerie (1ᵉʳ *mars, 4 mars* 1687. — *Mai et juillet* 1687).

14 mars 1687. — Ordonnance de police contre les loteries.

24 mars. — Arrêt du Conseil qui fixe la pêche du hareng, depuis la Saint-Denis jusqu'à Noël, et fait défense d'en acheter à bord des vaisseaux étrangers.

5 juillet 1687. — Ordonnance de police concernant le louage des chevaux dans Paris.

18 juillet 1687. — Arrêt du Parlement contre les jeux du hocca, de la bassette, du lansquenet (*Procédure et preuve des contraventions*).

16 août. — Arrêt du Conseil portant règlement entre les drapiers et merciers.

15 et 30 octobre. — Arrêt concernant les boulangers et les pâtissiers privilégiés.

1ᵉʳ décembre. — Sentence du Châtelet qui règle le prix des places dans les coches.

1ᵉʳ mars 1688. — Arrêt du Conseil qui permet aux comédiens français d'acquérir le jeu de paume de l'Étoile, rue des Fossés-Saint-Germain-des-Prés, pour y établir leur théâtre.

1ᵉʳ avril. — Arrêt de la Cour des aides qui défend aux jurés vendeurs de volailles d'empêcher les gens des villages circonvoisins de Paris d'y apporter des œufs et du beurre frais, dans des hottes et paniers.

4 septembre. — Arrêt du Parlement concernant les porteurs d'eau.

Septembre. — Lettres patentes confirmatives des statuts des cardeurs, peigneurs, arsonneurs de laine, coton, drapiers.

14 décembre 1689. — Déclaration sur la vaisselle d'or et d'argent.

Décembre. — Édit de création de trente-deux offices de jurés jaugeurs et mesureurs des tonneaux, vaisseaux, à mettre vins, eau-de-vie et autres breuvages, liqueurs, en la ville et faubourgs de Paris.

Janvier 1690. — Édit de création de soixante offices de vendeurs de bœufs, moutons et autres bestiaux au marché de Sceaux.

20 février. — Déclaration portant confirmation des droits des mesureurs du charbon.

Février. — Création de trente offices d'emballeurs, chargeurs, déchargeurs sous corde, chaîne, fer, garrot, rouliers, à Paris.

Septembre. — Édit de création de soixante commissionnaires-facteurs de toutes marchandises sur les ports, marchés de Paris, avec attribution des droits sur les grains.

17 novembre 1690. — Déclaration portant règlement sur les études du droit canonique et civil.

23 décembre. — Arrêt du Conseil qui fait défense d'ouvrir des carrières dans l'étendue et rives des forêts, sans la permission du Roi et l'attache du grand maître.

22 février 1691. — Arrêt du Parlement réglant le commerce des beurres, fromages, œufs et fruits.

30 avril. — Déclaration concernant les doreurs sur fer à Paris.

8 mai 1691. — Déclaration concernant les gantiers de Paris.

22 mai. — Arrêt du Conseil portant défense de dorer sur bois, bronze et fer.

22 mai. — Déclaration concernant les maîtres orlogeurs de Paris.

22 mai. — Déclaration du Roi concernant les droits de réception des maîtres serruriers.

29 mai. — Déclaration concernant les couteliers de Paris.

29 mai. — Déclaration concernant la communauté des marchands teinturiers en soie, laine et fil de Paris.

29 mai. — Edit du Roi portant création d'essayeurs, contrôleurs, marqueurs des ouvrages d'étain, dans toutes les villes du royaume.

12 juin. — Déclaration concernant les marchands tripiers de Paris.

12 juin. — Déclaration concernant les maîtres peigners et tablettiers.

30 juin 1691. — Arrêt du Conseil qui déclare nuls les rapports faits en justice par autres que les pourvus d'office.

3 juillet 1691. — Déclaration concernant la communauté des maîtres vitriers de Paris.

3 juillet. — Déclaration concernant la Communauté des savetiers de Paris.

17 juillet. — Déclaration concernant les batteurs d'or et d'argent de Paris.

17 juillet. — Déclaration concernant les éventaillistes de Paris.

28 juillet. — Déclaration concernant la communauté des éperonniers de Paris.

— Août. — Edit portant création de pourvoyeurs, vendeurs d'huîtres en écailles, à Paris et autres villes du royaume.

4 septembre. — Déclaration concernant la communauté des maîtres miroitiers, lunetiers, bimblottiers, doreurs sur cuir, garnisseurs et enjoliveurs de Paris.

2 novembre 1691. — Déclaration concernant les fondeurs à Paris.

17 novembre. — Déclaration concernant la communauté des marchands maîtres ouvriers en draps d'or, d'argent et de soie de l'établissement royal, fait à Paris.

Décembre 1691. — Sentence de police qui fait défense aux maîtres boulangers de fabriquer, vendre, ni débiter aucuns gâteaux, ni pastés, même des gâteaux des Rois, ni d'en cuire pour le public.

Décembre. — Édit de création de cent barbiers à Paris.

Janvier 1692. — Édit de suppression de la charge de surintendant général des postes et de celles de maîtres de postes.

5 février. — Déclaration concernant la communauté des maîtres panachers-plumassiers à Paris.

Février. — Edit de création de cinquante barbiers à Paris.

Mars. — Edit de création de cinquante offices d'essayeurs, visiteurs et contrôleurs d'esprit de vin et d'eau-de-vie à Paris.

22 avril. — Déclaration concernant les épingliers de Paris.

11 avril 1692. — Déclaration concernant la communauté des maîtres verriers, faïenciers, couvreurs de bouteilles à Paris.

15 mai. — Déclaration concernant les lapidaires de Paris.

22 juillet. — Déclaration portant défense aux soldats des gardes françaises de se travestir, à peine de galères.

26 août. — Déclaration pour les maîtresses bouquetières de Paris.

2 septembre. — Arrêt du Conseil qui déclare nuls les rapports, faits en justice, par d'autres experts que les

pourvus d'offices (*Arrêt du Parlement, 22 novembre 1692*).

2 novembre. — Déclaration portant règlement pour les fonctions de jurés, syndics, en titre d'office de la communauté des maîtres à danser et joueurs d'instruments, tant hauts que bas et hautbois de Paris (1).

18 décembre. — Arrêt du Parlement qui condamne à être pendus divers individus, pour avoir volé du pain et fait violence à des boulangers dans les marchés.

3 mars 1693. — Ordonnance de police pour faire observer la fête de l'Ascension par les bouchers et les rôtisseurs.

12 mars. — Arrêt du Conseil qui révoque le privilège du café, thé, sorbets et chocolat, établi par l'édit de janvier 1692 et permet aux limonadiers de les faire et distribuer, comme auparavant.

21 mars. — Sentence de police qui défend aux bouchers de vendre du suif en branche.

8 juillet. — Arrêt du Parlement qui ordonne aux pauvres mendiants de se retirer à la campagne, pour travailler à la moisson.

24 septembre. — Ordonnance qui défend le transport des grains hors du royaume, sous les peines y portées.

25 septembre. — Arrêt du Parlement qui défend de s'assembler tumultueusement et de faire aucune violence aux boulangers, à peine de la vie.

25 septembre. — Arrêt du Parlement portant qu'il sera fait des essais de ce qu'un septier de blé peut produire de pain et à quoi montent les frais de cuisson.

(1) Poquelin de Molière (Jean-Baptiste), né à Paris, en 1622, mort en 16.. signe à Paris, le 11 novembre 1668 : « Reçu 110 livres pour nourriture et louage de chambres, pendant cinq jours, que la trouppe du roy a séjourné à Saint-Germain, par l'ordre de Sa Majesté, à la feste de la Saint-Hubert.
　　　　　　　　　　　　　　　　« MOLIÈRE. »
Tiré de la collection Gautier La Chapelle, à Paris.)

30 septembre 1693. — Lettre écrite de la part du Roy à **M.** l'archevêque de Paris, touchant les déclarations que devaient faire les décimateurs à l'effet de connaître, par le montant de la dîme, à combien s'élevait le total des grains de la dernière récolte.

13 octobre. — Arrêt du Conseil d'État du Roi qui permet à tous particuliers, faute par les laboureurs et autres d'ensemencer leurs terres, de les semer et d'en cueillir les fruits, sans être tenus d'en payer aucune rente, ni obligés à aucune censive, attendu la disette.

19 octobre. — Ordonnance pour la distribution du pain du Roi, dans un temps de disette (*Ordonnance non signée*).

20 octobre. — Arrêt du Parlement portant règlement pour la subsistance des pauvres de la campagne, en temps de disette.

27 octobre. — Arrêt du Conseil défendant, à cause de la disette des grains, de fabriquer de la bière (Voir *Arrêt du 14 novembre 1693*).

13 novembre. — Arrêt du Parlement qui augmente de 3 sous la somme, qui doit être consignée, pour les aliments des prisonniers, attendu la cherté.

1ᵉʳ décembre. — Arrêt du Parlement qui ordonne aux pauvres mendiants de se retirer dans leurs provinces.

22 décembre. — Arrêt du Conseil qui décharge le riz, les pois, les fèves, et autres grains et légumes, qui entreront dans le royaume, de tous droits jusqu'au 1ᵉʳ avril 1694.

21 mai 1694. — Arrêt du Parlement pour la descente et procession de la châsse de sainte Geneviève.

Mai. — Lettres patentes concernant les statuts des imprimeurs en taille-douce.

5 juin. — Ordonnance de police qui permet aux bouchers d'ouvrir leurs étaux, pendant les chaleurs.

22 juin. — Déclaration qui fait défense de faire aucuns arrhéniens ou achats de grains en vert, sur pied ou avant la récolte, et qui déclare nuls tous semblables achats ou marchés.

Avril 1695. — Édit concernant la discipline et juridiction ecclésiastique, ainsi que les écoles de village et hôpitaux.

21 octobre. — Arrêt du Parlement portant défense aux clercs de procureurs de porter des épées.

17 décembre. — Arrêt du conseil permettant de pêcher le hareng, jusqu'au 15 mars.

20 janvier 1696. — Arrêt du Parlement portant règlement pour la taxe par heure des carrosses établis dans Paris (*Arrêt du Parlement*, 31 *août* 1696).

3 mars. — Ordonnance de police qui défend les masques, les bals et les spectacles publics, pendant le Jubilé.

19 juillet. — Déclaration concernant l'exercice de la médecine (*Nouveaux statuts de la Faculté de médecine*, 6 *août* 1696).

11 décembre. — Sentence du Châtelet concernant les maîtres peintres et sculpteurs de Paris, et leur confrérie.

8 mars 1697. — Sentence de police qui enjoint à tous les propriétaires de faire construire des latrines dans leurs maisons.

13 décembre. — Ordonnance qui défend aux laboureurs de se servir de matières fécales, pour fumer leurs terres, avant qu'elles soient reposées.

28 janvier 1698. — Ordonnance défendant aux domestiques et gens de livrée de se travestir.

6 février 1698. — Arrêt du Parlement défendant aux clercs de porter l'épée dans le Palais.

13 février. — Ordonnance de police portant défense aux marchands fruitiers de mettre en vente des œufs, pendant le carême.

19 mars. — Arrêt du Parlement ordonnant l'exécution de l'édit de février 1556, lequel enjoint aux femmes enceintes de déclarer leur grossesse.

Juin. — Lettres patentes pour la fondation du couvent des filles du Bon-Pasteur, pour servir de retraite aux filles qui se retirent de la débauche.

18 juillet. — Ordonnance de police concernant la vente, les lotissements, la facture, le commerce des œufs et du beurre frais.

28 août 1698. — Sentence de police concernant le commerce des cheveux et les barbiers-perruquiers.

Août. — Lettres patentes concernant les priviléges des carrosses à l'heure.

24 juillet 1699.— Ordonnance de police pour les carrosses et calèches de place.

Septembre. — Lettres patentes approuvant les statuts des maîtres chirurgiens de Paris.

18 décembre. — Ordonnance de police défendant de jouer de l'argent dans les cafés.

10 janvier 1700. — Défense faite à toutes personnes, non avouées d'un maître pâtissier, de crier des oublies.

18 janvier. — Déclaration concernant les études de droit.

5 mars. — Ordonnance de police qui défend aux cabaretiers de donner de la viande à manger, chez eux, pendant le carême.

10 mars. — Ordonnance du Roi concernant le respect dû aux églises.

Mars. — Édit pour le retranchement du luxe.

23 avril. — Sentence de police qui enjoint à toutes personnes posant des échelles dans les rues, de faire en sorte qu'il y ait toujours au pied desdites échelles quelqu'un, pour empêcher qu'il n'y arrive accident.

11 mai 1700. — Arrêt du Conseil pour l'établissement

d'une loterie royale, avec création de cinq cent mille livres de rente viagères.

31 juillet. — Arrêt du Parlement permettant aux pâtissiers d'acheter, sur le carreau et de première main, aux heures accoutumées, les viandes dont ils ont besoin pour leur profession.

10 décembre. — Ordonnance de police qui fait défense de crier, vendre des huitres en écaille, après huit heures du soir.

Avril 1701. — Privilége pour la vente de la glace et de la neige, dans tout le royaume.

30 août. — Ordonnance qui attribue à l'hôpital général le sixième de ce qui se paye à l'Opéra et à la Comédie.

Octobre. — Édit d'établissement du droit de 18 deniers, par chaque jeu de cartes et tarots.

4 novembre. — Ordonnance de police qui défend de donner aux vaches laitières de la dresche corrompue ou du marc d'amidon.

24 décembre. — Arrêt du Conseil qui défend de peindre aucune figure sur les siamoises et de se servir desdites siamoises peintes.

Décembre 1701. — Édit du Roi qui permet à la noblesse de faire le commerce en gros, sans déroger (1).

14 janvier 1702. — Arrêt du Conseil contenant une nouvelle division de Paris en vingt quartiers (*Voir déclaration du 12 décembre 1702*).

(1) A propos de l'introduction en France de l'industrie des soies, Sully disait à Henri IV : « Sire, Votre Majesté doit mettre en considération qu'autant qu'il y a de différens climats, autant semble-t-il que Dieu les ait voulu diversement faire abonder en certaines propriétés, denrées, arts et métiers spéciaux, qui ne sont point communs aux aultres lieux, afin que par le trafict, commerce de ces choses, dont les uns ont abondance et les aultres disette, la fréquentation, conversation et société humaine, soient entretenues entre les nations. »

17 janvier. — Déclaration du Parlement qui permet aux détailleresses de vendre le poisson de mer sec, salé et détrempé.

6 février. — Arrêt du Conseil concernant les priviléges des employés des postes.

25 février. — Déclaration portant permission aux femmes et aux filles non mariées des greffiers, des commissaires, des notaires, des marchands, des procureurs et des huissiers audienciers des cours supérieures, d'avoir et porter des boucles d'oreilles, nonobstant les défenses portées par l'édit de mars 1700.

12 mars. — Lettres patentes concernant les apprentis limonadiers.

20 octobre. — Ordonnance de police contre les tanneurs et les mégissiers du faubourg Saint-Marcel, qui infectaient la rivière.

5 mars 1703. — Arrêt du Conseil portant défense de composer, imprimer, débiter aucuns libelles touchant la doctrine de Jansénius.

9 mars.—Sentence de police permettant aux pâtissiers d'acheter concurremment avec les fruitiers, les beurres dont ils ont besoin, — de la première main, — hors les heures des bourgeois.

27 avril. — Ordonnance de police qui règle ce que les bouchers doivent faire, tant au dedans qu'au dehors de leurs boutiques, pour les nettoyer (1).

----

(1) Le 22 juin 1351, Jacques Tondeur, inspecteur assermenté, chargé de la surveillance de la boucherie, saisit de la viande suspecte dans la boutique de Bardel, maître boucher, rue Baudet-Saint-Antoine, au *Tocquet des Espouseurs*. Procès-verbal de cette contravention est dressé et transmis au syndic de la corporation qui, après enquête, acquiert la certitude que le contrevenant est coutumier du fait, et réclame, au nom de la corporation outragée par l'infamie d'un de ses membres, la dégradation de Pierre Bardel, lequel, assimilé à un empoisonneur, est condamné à être conduit au pilori

25 mai. — Ordonnance de police pour la discipline des porteurs d'eau, qui puisent aux fontaines.

8 décembre. — Déclaration concernant la taxe des ports de lettres.

12 décembre. — Ordonnance du Roi faisant défense à ses sujets de vêtir leurs gens de livrée de couleur bleue.

14 décembre. — Ordonnance du Lieutenant-général de police de Saumur sur la fabrique et la contenance des futailles.

2 janvier 1704. — Arrêt du Parlement défendant de vendre de la viande ailleurs qu'aux boucheries de l'Hôtel-Dieu, pendant le carême.

10 janvier 1704. — Ordonnance de police déterminant le prix de la viande à vendre en l'Hôtel-Dieu, pendant le carême de la présente année.

10 février 1704.—Défense à toutes personnes de faire porter la livrée de Sa Majesté à leurs domestiques (*Ordonnance royale*).

9 août 1704. — Arrêt du Parlement concernant la vente des drogues.

29 septembre 1704. — Déclaration du Roi pour le rétablissement des jurés langueyeurs de porcs, supprimés par édit de mai 1704 (*Voir arrêt du Conseil du 3 mars 1705*).

29 juillet 1705. — Arrêt du Parlement concernant les aubergistes, les recommanderesses, les nourrices, les meneuses, les sages-femmes.

11 et 20 décembre 1705. — Ordonnance de police concernant les carrosses de louage établis dans Paris.

des Halles et à y mourir des mains du bourreau. Le jour de l'exécution, les cent vingt-sept bouchers de Paris se rendent aux Halles et assistent, tête nue, à l'exécution de leur confrère. V. Lazare, *Histoire de l'administration municipale de Paris*. — Duplès-Agier, *Registre criminel du Châtelet de Paris*.)

2 janvier 1706. — Lettres patentes concernant les doreurs sur métaux.

Janvier 1706. — Édit d'établissement du droit de contrôle sur les perruques.

15 mai 1706. — Arrêt du Parlement concernant les métiers et autres faisant trafic et débit de poudre à canon, fusées volantes et autres artifices.

Mars 1707. — Édit portant règlement pour l'étude et l'exercice de la médecine.

9 mai 1708. — Lettres patentes concernant le premier médecin du Roi et le Jardin-Royal des Plantes.

7 juin 1709. — Arrêt du Parlement, qui réduit à deux espèces tout le pain débité dans les marchés et les boutiques des boulangers de Paris.

6 août. — Déclaration du Roi concernant les mendiants et l'ouverture des ateliers publics à Paris.

3 septembre. — Déclaration concernant la subsistance des pauvres de Paris.

18 septembre 1709. — Arrêt du Parlement qui enjoint à tous laboureurs, propriétaires de faire battre leurs orges et autres grains, de les faire porter à vendre au marché.

14 août 1711. — Arrêt du Parlement qui défend aux pâtissiers de vendre, en leurs boutiques, des jambons et du lard, leur permet seulement d'acheter du lard frais et de le saler, pour leur pâtisserie.

28 octobre 1711. — Déclaration qui adjuge aux hôpitaux la totalité des biens de ceux qui sont condamnés pour crime de duel.

Janvier 1712. — Édit concernant les priviléges de la manufacture des tapis, façon de Perse et du Levant, établie à l'hôtel de la Savonnerie, près Chaillot.

31 août 1712. — Arrêté du Parlement concernant la bibliothèque des avocats.

8 octobre 1712. — Ordonnance du Roi qui défend à tous marchands d'étaler ou exposer en vente aucune marchandise sur les ponts, quais et sous les portes de cette ville de Paris, les fêtes, dimanches, pendant le service divin, à peine de 500 fr. d'amende, confiscation des marchandises exposées et de prison.

13 décembre 1712. — Sentence de police qui permet d'acheter, après dix heures, des fruits verts à confire, par les épiciers, apothicaires et confiseurs.

24 janvier 1713. — Déclaration du Roi défendant de faire et fabriquer des eaux-de-vie d'autres matières que de vin.

Février 1713. — Lettres patentes d'établissement des Académies royales d'inscription et des sciences.

31 juillet. — Arrêt du Parlement qui défend aux bourgeois de Paris de vendre le vin de leur cru ailleurs que dans leurs maisons d'habitation, à huis coupé et pot renversé.

18 août. — Arrêt du Parlement qui défend aux boulangers de mettre des œufs et du beurre dans leur pain, et de cuire des gâteaux et des pâtés.

19 décembre 1713. — Sentence de police qui maintient la communauté des maîtres cordonniers de Paris, dans le droit de faire fermer la halle aux cuirs, le jour de Saint-Crépin, et qui enjoint de l'ouvrir le jour de saint Thibaut.

6 mars 1714. — Sentence de police qui condamne à l'amende un maître cordonnier de Paris, pour avoir avancé de l'argent à l'un de ses compagnons.

30 avril 1715. — Arrêt du Conseil portant que tous les ouvriers en bas, établis dans les enclos du Temple, de Saint-Jean-de-Latran, rue de Lourcine, et autres lieux privilégiés, dépendant de l'ordre de Malte, payeront les

droits de trois sols par semaine, établis sur chaque métier.

24 décembre. — Lettres patentes concernant l'établissement des voitures publiques, nommées brouettes.

23 février 1716. — Ordonnance du Roi pour le renouvellement et l'entretien des pompes contre l'incendie.

1716. — Arrêt du Conseil d'État du Roi qui décharge les bourgeois de Paris de la taille et les confirme dans leurs priviléges et exemptions.

Février 1717. — Lettres patentes d'établissement d'une Académie d'architecture.

8 avril. — Ordonnance du Roi défendant les jeux de Bassette et de Pharaon.

11 août. — Arrêt du Parlement défendant aux boulangers de faire des gâteaux de Rois, pour être donnés gratuitement.

Août. — Arrêt qui fait défense à tous graveurs, imprimeurs, libraires et autres, de graver, imprimer, vendre, débiter les formules ou cartouches, servant pour les congés des troupes, à peine de galères.

12 février 1718. — Arrêt du Conseil déclarant les chanoines et chapitres de Saint-Jacques-de-l'Hôpital et de Saint-Étienne-des-Grès déchus des priviléges, par eux prétendus, dans leurs cloîtres, pour l'exercice des arts et métiers.

7 mars. — Arrêt du Parlement, qui rétablit la communauté des maîtres à danser et joueurs d'instruments de Paris, au droit de nommer à la chapelle de Saint-Julien-des-Ménétriers.

8 janvier 1719. — Déclaration du Roi permettant aux juges d'ordonner que les bannis qui ne garderont pas leur ban, seront envoyés aux colonies.

1ᵉʳ avril 1719. — Arrêt du Conseil qui permet aux administrateurs de l'Hôtel-Dieu de construire des salles sur le terrain du Petit-Châtelet, en faisant construire d'autres prisons.

28 mars 1720. — Ordonnance du Roi concernant les assemblées, pour la négociation des papiers.

6 mai. — Ordonnance concernant les cuiseurs de tripes à Paris.

4 juillet. — Arrêt du Conseil concernant le commerce des diamants, perles, pierres précieuses et le luxe en cette partie.

16 août. — Ordonnance du Roi concernant la police de la Bourse, établie dans le jardin de l'hôtel de Soissons.

30 août. — Sentence de police qui condamne Le Gai, chandelier, et sa femme solidairement en l'amende, avec fermeture de boutique, pour avoir vendu de la chandelle au-dessus du prix fixé.

8 novembre. — Ordonnance de police qui enjoint aux aubergistes d'avoir des lanternes ou chandeliers à plaques, dans leurs écuries, de peur du feu.

Mars 1721. — Lettres patentes portant don aux prévôts des marchands et échevins de la ville de Paris de l'île des Cygnes, pour servir aux déchireurs de bateaux et de port public, pour les bois à ouvrer et à brûler.

2 avril. — Ordonnance de Sa Majesté qui établit quatre corps de garde du guet, tous les jours, aux barrières du quartier Saint-Paul, de la rue Saint-Honoré, du petit marché de l'abbaye de Saint-Germain, du marché Neuf.

14 mai. — Arrêt de la Cour des aides qui fait défense aux horlogers d'avoir et de recevoir, chez eux, aucunes montres d'or ou d'argent, à doubles boîtes, qui ne soient contrôlées, à peine de confiscation et de l'amende, portée par l'ordonnance de 1681.

9 septembre 1722. — Arrêt du Parlement rendu contre un valet de chambre, condamné au carcan, avec écriteaux, et au bannissement, pour avoir dit et proféré des

paroles injurieuses et calomnieuses contre la réputation de sa maîtresse.

28 février 1723. — Règlement du Conseil concernant les libraires et imprimeurs.

Février 1723. — Édit contre les duels.

19 avril. — Déclaration du Roi défendant à toutes personnes de vendre des blés, farines et autres grains, sur une montre, dans les marchés.

27 septembre 1723. — Arrêt du Conseil concernant les peintres et les sculpteurs de l'Académie de Saint-Luc.

10 avril 1724. — Déclaration du Roi au sujet des changements et établissements de la grand'salle et de la grand'chambre du Palais.

9 juin. — Sentence de police qui défend aux bourgeois, demeurant dans les halles et marchés, de louer le devant de leurs portes aux boulangers, notamment à ceux de la place Maubert, sous peine d'amende.

2 juillet. — Arrêt du Conseil concernant les marchands de marée, dits donneurs par haquet.

6 juillet. — Ordonnance du Roi concernant les spectacles de la foire.

16 septembre. — Sentence de police qui défend de brûler des pailles dans les rues, à peine de 50 francs d'amende, crainte d'incendie.

Septembre. — Lettres patentes concernant l'étude de la chirurgie et les chirurgiens de Paris.

10 novembre. — Sentence de police qui fait défense à tous artificiers et autres personnes d'avoir, chez eux, aucunes poudres, ni artifices, et de se retirer hors des villes et faubourgs de Paris.

27 février 1725. — Ordonnance de police qui défend à tous cabaretiers et autres, vendant du vin à bouchons, dans des caves, de tenir aucunes caves ouvertes après les

cinq heures du soir, depuis la Toussaint jusqu'à Pâques, et, après neuf heures du soir, depuis Pâques jusqu'à la Toussaint, à peine de 500 francs d'amende.

9 mars. — Sentence de police qui fait défense aux commis préposés pour allumer les lanternes publiques, de changer, altérer, falsifier les chandelles, à peine de 500 francs d'amende.

4 mai. — Ordonnance de police pour les boulangers, les obligeant à avoir, chez eux, un four à cuire, — les obligeant à marquer leurs pains des deux premières lettres de leur nom et à y marquer le poids qu'ils doivent peser, — à peine de confiscation et de 200 francs d'amende.

21 juin 1725. — Arrêt du Conseil ordonnant que les propriétaires des maisons et places, sous lesquelles passent des égouts, seront tenus de contribuer aux curement et entretien, pour la partie occupée par leur héritages.

17 août. — Ordonnance de police portant que les boulangers de Paris et ceux des halles et marchés seront tenus d'avoir, dans leurs boutiques, du pain de trois façons : un tiers de bis blanc, un tiers de blanc et un tiers de bis, sous peine d'amende et de confiscation.

31 octobre. — Ordonnance de police qui défend à tous libraires d'acheter aucun livre des écoliers, domestiques ou autres personnes, sans le consentement des parents et maîtres.

6 novembre. — Sentence de police qui condamne le nommé Ferret, limonadier, demeurant place du pont Saint-Michel, en l'amende, avec fermeture de sa boutique pendant trois mois, pour avoir donné à boire, chez lui, à une heure indue.

11 janvier 1726. — Sentence de police qui condamne la dame de Blanbuisson, la dame Godemard et Duplessis, en l'amende, pour jeux prohibés.

2 mai. — Ordonnance de police concernant les laboureurs et l'emploi des matières fécales, pour fumer leur terre.

17 mai. — Sentence de police concernant les maîtrises des arts et métiers et les droits du procureur du Roy sur cette matière.

17 mai. — Sentence de police qui condamne le prince de Montlhéry en mille livres d'amende, pour contravention à l'arrêté royal du 19 avril 1723, défendant de vendre des blés, farines et grains, sur une montre, dans les marchés.

17 mai. — Sentence de police renouvelant les défenses aux pères et aux mères de laisser courir leurs enfants, dans les rues de Paris, et leur enjoint d'empêcher qu'ils n'insultent les passants.

4 juin 1726. — Sentence de police qui défend aux porteurs et porteuses d'eau d'empêcher les bourgeois de puiser, avant eux.

4 juin. — Sentence de police condamnant en l'amende des particuliers, pour avoir nourri des pigeons, chez eux.

7 juin. — Ordonnance de police concernant l'arrosement des rues.

21 juin. — Ordonnance de police qui fait défense de tirer dans les cheminées, en cas d'incendie, aucun coup de fusil chargé à balle ou à gros plomb.

21 juin. — Sentence de police condamnant en l'amende des marchands de marée, pour avoir exposé leurs poissons, sur le passage des processions, le jour de la Fête-Dieu.

7 juillet. — Arrêt du Conseil concernant les agents de change.

23 novembre. — Ordonnance de police portant défense à toutes sortes de personnes de tirer l'oie aux bâtons, dans les rues et lieux publics.

29 novembre. — Sentence de police défendant aux traiteurs, rôtisseurs, charcutiers, aubergistes de vendre de la viande les vendredis, samedis et autres jours d'abstinence, sous peine de cent livres d'amende, fermeture de boutique et privation de maîtrise.

20 septembre 1727. — Ordonnance de police défendant aux pères et mères et à tous autres, qui envoient des enfants aux écoles de charité, d'en insulter les maîtres et maîtresses préposés à l'instruction, sous peine de 50 fr. d'amende.

30 juin 1728. — Ordonnance de police interdisant aux maîtres tabletiers de porter, chez eux, aucunes cornes de bœufs, nouvellement tués, et leur enjoignant de les faire transporter, dans des lieux remots, pour les y travailler.

10 juillet 1729. — Sentence de police défendant, sous peine de 50 fr. d'amende, à tous propriétaires et principaux locataires de maisons de louer aucun appartement à des femmes, filles de débauche et gens sans aveu.

5 aout 1729. — Ordonnance de police concernant les courtiers de chevaux et le marché aux chevaux.

5-11 août. — Sentence de police et arrêt du Parlement concernant les bouchers et l'établissement des tueries, échaudoirs, fonderies.

3 septembre. — Ordonnance enjoignant aux jardiniers, voituriers, charretiers, transportant du fumier, du plâtre, de couvrir leurs voitures de bannes, sous peine d'amende et de confiscation des chevaux et voitures.

3 juin 1730. — Ordonnance de police concernant les écriteaux placés aux coins de rues.

3 juillet 1731. — Ordonnance portant qu'il sera posé des lanternes dans le village de Sèvres.

29 mars 1732. — Arrêt du Parlement concernant les dissections anatomiques.

11

22 décembre 1733. — Arrêt du Conseil concernant la Bourse et les agents de change.

18 février 1734. — Ordonnance de police concernant la manufacture de verrerie, établie à Sèvres.

17 mars 1734. — Statuts des maîtres tourneurs hongrois.

15 octobre 1734. — Ordonnance enjoignant aux brasseurs, gravatiers, plâtriers et autres se servant de charrettes ou haquets, d'y faire apposer des plaques de fer, portant inscrits les demeures, numéros, noms, surnoms des propriétaires desdites voitures.

8 mars 1735. — Déclaration du Roi portant règlement pour la fabrication des bouteilles et carafes de verre.

16 septembre 1738. — Sentence du bureau de la ville concernant les voituriers par eau.

19 avril 1742. — Ordonnance des maréchaux de France portant défense aux prisonniers, détenus de leurs ordres, de jouer sur leur parole.

17 juin 1743. — Ordonnance du Roi portant défense aux domestiques d'entrer au spectacle de l'Opéra-Comique.

16 juillet 1743. — Lettres patentes concernant les bas et ouvrages de bonneterie au métier.

17 septembre. — Arrêt défendant aux chaudronniers de Paris d'employer du plomb dans l'étamage.

30 janvier 1744. — Sentence rendue par M. le lieutenant civil (1) en faveur des doyens et docteurs. Règlement de la Faculté de médecine de Paris, qui fait défense au sieur Lemercier, docteur en médecine de l'Université de Reims, d'exercer la médecine à Paris, et pour l'avoir fait, le condamne en 500 fr. d'amende.

31 août 1768. — Ordonnance de police signée de

____

(1) Bibl. nationale. (Manuscrits français, 8054-8055.)

Sartine, en faveur des maîtres vidangeurs, contre ceux qui entreprennent sur leur profession.

Souvent, nos souverains encourageaient, par leur présence, les efforts et les travaux des artisans, ainsi nous voyons que le 22 septembre 1772, le Roi assiste (1) au décintrement du pont de Neuilly. Sa Majesté est entourée et acclamée par une foule immense.

1ᵉʳ juin 1782. — Les lettres patentes concernant la boucherie portent dans leur article 7 : — Les maîtres bouchers ne pourront tuer et habiller que des bestiaux sains. Défenses leur sont faites de vendre et débiter des viandes gâtées et corrompues. — Faisons défenses à tous messagers, forains, laboureurs ou autres, d'amener et vendre aucuns veaux mort-nés, étouffés, nourris de son ou eau blanche et qui auraient moins de six semaines. Défenses sont pareillement faites aux bouchers d'acheter ou débiter aucuns veaux au-dessus et au-dessous de l'âge fixé. Le tout sous peine de la confiscation des marchandises et de 300 livres d'amende.

Un engagement solennel garantissait l'exercice honnête de l'entrée en profession (2).

Le serment des sages-femmes était à Saint-Quentin le suivant : Art. 1ᵉʳ Vous jurez de vous bien et fidèlement comporter dans l'exercice et fonctions de sage-femme en cette ville, faubourgs et banlieues. — 2. De ne pas toucher, ni délivrer aucune femme, que jugerez être gâtée et entachée du mal vénérien, sans

_____

(1) Vue perspective prise à Neuilly, du côté d'Aval et vue de Pont-Sainte-Maxence en 1775. Ces deux tableaux, intéressants au point de vue des constructions qu'ils représentent, ornent aujourd'hui l'hospitalière demeure de madame Poumet, au château de la Chauvennerie.

(2) *Recueil des Statuts des métiers de la ville de Saint-Quentin*, recueillis par M. Quentin-Rohart, conseiller du roy en ladite ville (1696). Bibl. de M. Le Serrurier.

avoir auparavant pris les précautions nécessaires tant devant qu'après la délivrance et l'accouchement. — 3. Que vous advertirez les maris ou parents de celles que vous délivrez, si vous jugez qu'il y ayt péril ou danger de vie, afin de se pourvoir de secours et d'ayde, tant pour le salut du corps que de l'âme. — 4. Que vous ondoyerez l'enfant et luy conférerez le baptême, au cas que vous jugerez qu'il soit en péril de la vie et qu'il ne puisse être porté en l'église. — 5. Que vous ne recevrez, chez vous, aucune fille ou femme enceinte, sans la permission de la Chambre ou de M. le Mayeur. — 6. Qu'aussitôt que vous aurez délivré quelque fille ou femme étrangères en tel endroit de la ville, faubourg et banlieue que ce soit, vous en avertirez messieurs de la ville ou leur lieutenant. — 7. Que quand vous délivrerez quelques filles ou femmes veuves, qui se seront laissé surprendre, vous les exhorterez, pendant les maux de l'accouchement, de vous dire et déclarer le véritable auteur de leur grossesse et vous nommer le père de l'enfant, pour en faire votre rapport en justice (1).

Le serment des pâtissiers et cuisiniers de Saint-Quentin (statuts du 9 mai 1597) est curieux à retenir : Vous jurez Dieu votre père et Créateur, sur la part que prétendez au paradis ! que garderez toute fidélité au Roi notre sire et porterez obéissance aux mayeurs, échevins et jurés, vos magistrats, que n'attenterez et ferez attenter à rien portant préjudice de ce royaume et manutention de cette ville en son obéissance, et que si aucune chose vient à votre connaissance, en avertirez lesdits mayeurs et échevins, vos supérieurs. — Que garderez et observerez fidè-

---

(1) *Recueil des Statuts des métiers de la ville de Saint-Quentin*, recueillis par M. Quentin-Rohart, conseiller du roy en ladite ville (1696). Manuscrit de la bibliothèque de M. F. Le Scrurier, conseiller honoraire à la cour de cassation.

lement les règles et ordonnances dudit métier, comme à savoir que, en premier lieu, vous n'habillerez aucune viande pour entrer au corps humain, que premier ne voulûssiez manger vous-même (1).

Défense était faite aux hôteliers, cabaretiers de présenter à leurs hôtes de la viande, la veille de Saint-Quentin, qui est jour de jeûne, dans la ville, à peine de vingt livres d'amende. — Leurs boutiques devaient être fermées pendant le service divin, à peine de soixante-quinze sols d'amende.

JUSJURANDUM PHARMACOPŒORUM.

Rerum Creatorem unum in Trinitate Deum, quem piâ mente recolo, palàm testor hœc omnia :

In Christianâ fide victurum et moriturum, parentibus debitum honorem persoluturum, medicis et prœceptoribus sub quibus operam dedi, obsequium omne redditurum.

Nullum ex antiquioribus ordinis nostri ut nec alium quidem convictus lacessiturum.

Artis dignitatem pro virili exornaturum. Ejus arcana non revelaturum.

Nihil inconsulto aut spe tantum lucri facturum.

In acutis, sine consensu medici, purgativa non daturum.

Nullius illicite vivenda, nisi causâ medicandi, contrectaturum.

SERMENT DES APOTHICAIRES.

Je prends à témoin, devant tous, Dieu Créateur de l'Univers, en trois personnes, que j'observerai, toute ma vie, ce qui suit :

Je vivrai et mourrai dans la foi chrétienne ; j'honorerai mes parents ; j'honorerai les médecins et maîtres, sous lesquels j'ai étudié.

Jamais je ne dirai d'injure aux anciens de notre ordre, ni à d'autres.

J'embellirai de mon mieux la dignité de l'art. Je n'en révélerai pas les secrets.

Je ne ferai rien imprudemment ni par espoir de gain.

Dans les maladies aiguës, je ne ne donnerai pas de purgatifs, sans l'ordre du médecin.

Je ne toucherai les parties secrètes que pour y appliquer des remèdes.

(1) Les boulangers étaient condamnés en l'amende, pour défaut de façon, défaut de cuisson, défaut de blancheur, défaut de pain en leur boutique. (*Registre du greffe de la Prévôté de Laon*, — 24 novembre 1631.)

Secreta nullius deserturum.

Je garderai le secret des malades.

Venena nulli unquam exhibiturum, nec danda etiam hosti suasurum.

Je ne donnerai pas de poison et je n'en laisserai pas donner, même à mes ennemis.

Conceptui perdendo medicamentum nequaquam propinaturum, nec fœtui excludendo, nisi medicis imperantibus paraturum.

Je ne donnerai pas de remède abortif, même pour provoquer l'expulsion d'un fœtus, si ce n'est sur l'ordre des médecins.

Medicorum prœscriptiones non immutaturum.

Je ne changerai pas les prescriptions des médecins.

Succedanea, sine consilio non adhibiturum.

Je ne substituerai jamais de remèdes, sans leur avis.

Empiricorum exitiosam praxim improbaturum.

Je désapprouverai la pratique funeste des empiriques.

Opem licite concedendam nemini negaturum.

Je ne refuserai à personne mon concours légitime.

Exoleta improbata que medicamenta pharmacopolitionem non servaturum.

Je ne garderai pas dans ma pharmacie les médicaments gâtés ou mal préparés.

Hæc voventi et facienti Divinum faveat auxilium.

Amen.

En faisant et observant ces règles, que Dieu m'assiste.

Ainsi soit-il.

Il nous paraît intéressant de donner ici le nombre des maîtres de chaque métier, à Paris, vers la fin du dix-huitième siècle (1).

Aiguilleurs-épingliers,	38	maîtres.	Boureliers,	198	»
Amidonniers,	35	»	Boursiers,	191	»
Arquebusiers,	70	»	Boutonniers,	582	»
Baleiniers,	16	»	Boyaudiers,	10	»
Batteurs d'or,	46	»	Brasseurs,	75	»
Boiseiliers,	70	»	Brodeurs,	262	»
Bonnetiers,	542	»	Cafetiers,	361	»
Bouchers,	244	»	Ceinturonniers,	43	»
Boulangers,	183	»	Chaîniers,	8	»
Bouquetières,	82	»	Chandeliers,	171	»

(1) *Dictionnaire historique de la France*, par Ludovic Lalanne. — Paris, Hachette, 1873.

Chapeliers,	120 maîtres.		ments de musique,	50 maîtres.
Charcutiers,	131 »		Faïenciers émailleurs,	136 »
Charrons,	189 »		Ferblainquiers,	159 »
Charpentiers,	76 »		Fondeurs (1),	130 »
Chaudronniers,	131 »		Formiers,	53 »
Cloutiers,	67 »		Fouleurs de draps,	18 »
Coffretiers,	41 »		Fourbisseurs,	241 »
Cordiers,	113 »		Fripiers,	700 »
Cordonniers,	1,824 »		Fruitiers,	123 »
Corroyeurs,	160 »		Gainiers,	123 »
Couteliers,	120 »		Gantiers parfumeurs,	250 »
Couturières,	1,702 »		Grainetiers,	263 »
Couvreurs,	172 »		Graveurs sur métaux,	127 »
Trieurs de vieux fer,	32 »		Horlogers (2),	175 »
Découpeurs de drap,	20 »		Imprimeurs en taille	
Doreurs et argent.,	360 »		douce,	43
Drapiers,	192 »		Imprimeurs en musi-	
Écrivains,	125 »		que,	1 »
Emballeurs,	30 »		Jardiniers,	1,200 »
Éperonniers,	23 »		Lapidaires,	72 »
Éventaillistes,	128 »		Layetiers,	151 »
Fabricants d'étoffes			Libraires (dont 36 im-	
d'or et d'argent,	318 »		primeurs),	318 »
Fabricants d'instru-			Lingères,	659 »

(1) Sur les cloches du carillon de Cambrai (Nord) on lit : « Ceulx de Cambray nous firent faire pour ulx servir, de jour et de nuit, par un nommé maistre Jean Serre, 1558.

> « Suis joyeuse, nous fit Serre deulx (1558).
> « Quatrième suis par amour lie,
> « Et de Cambray la plus jolie.
> « Jay par ma bonne harmonie,
> « De Cambray la gent réjouie. »

Les automates Martin et Martine, qui annonçaient l'heure en l'horloge de la même ville, datent de l'année 1510. — La *cloche du Roi*, fondue en 1690, porte l'inscription suivante : *Ludovico Magno regnante, de Montbront gubernante, restauratum est hoc tintinnabulum, quassatum in obsidione anni 1677. Reddunt Deo et Regi gratias Senatus, populusque Cameracensis ; anno Domini 1690. — Cameraci per Tossanum et Petrum Cumbron Insulenses.*

(2) Sur l'horloge de la ville d'Auxerre, on lit les distiques suivants :

> *Dum morior moreris, tamen hora renascor,*
> *Nascere sic ea b, dum moriere solo* (1672).

> *Me primum movet cælum, mea regula cælum ;*
> *Si tua sit cælum regula, tutus abis.*

Maçons,	252 maîtres.		Relieurs-doreurs,	218 maîtres.	
Maîtres d'armes,	14	»	Rôtisseurs,	310	»
Maîtres à danser,	143	»	Rubanniers,	735	»
Marchands de vin,	1,500	»	Sages-femmes,	252	»
March. de poissons,	400	»	Savetiers,	1,302	»
Maréchaux,	183	»	Selliers,	252	»
Mégissiers,	45	»	Serruriers,	335	»
Menuisiers,	894	»	Taillandiers,	168	»
Merciers,	2,184	»	Tailleurs d'habits,	1,884	»
Miroitiers,	129	»	Tanneurs,	86	»
Oiseleurs,	36	»	Tapissiers,	625	»
Pains d'épiciers,	16	»	Teinturiers du gros teint,	9	»
Papetiers,	246	»	Teinturiers du petit teint (1),	14	»
Parcheminiers,	30	»	Teinturiers en soie,	240	»
Patenôtriers,	40	»	Tireurs d'or,	35	»
Pâtissiers,	245	»	Tisserands,	70	»
Paveurs,	50	»	Tonneliers,	202	»
Paulmiers,	60	»	Tourneurs,	122	»
Peigniers,	210	»	Traiteurs,	208	»
Peintres et sculpteurs,	969	»	Vanniers,	383	»
Perruquiers,	700	»	Vergetiers,	30	»
Plombiers,	42	»	Vidangeurs,	36	»
Plumassiers,	24	»	Vinaigriers,	188	»
Potiers d'étain,	160	»	Vitriers,	300	»
Potiers de terre,	116	»			

Les grands seigneurs eux-mêmes imbus des idées d'égalité, que la Révolution de 1789 avait semées, par le monde, ne dédaignaient pas d'encourager le mouvement industriel dans leurs domaines. L'un d'eux, M. le duc de la Rochefoucault-Liancourt, dont le nom est encore en honneur et dignement continué dans le département de l'Oise, fonda en son parc de Liancourt une filature de co-

(1) Voir arrest du Conseil d'État du roy, portant règlement pour les toiles, batistes et linons, qui se fabriquent dans les provinces de Picardie, d'Artois, du Hagnaut, de la Flandre française et du Cambrésis. A Saint-Quentin, chez la veuve Pierre Bouher, imprimeur du roy. MDCCXLVI. Bibliothèque de notre concitoyen et ami M. F. Le Serurier, conseiller honoraire à la cour de cassation.

ton, une fabrique de cardes. Il y ajouta, en 1788, une ferme-modèle, qui fut érigée, en 1793, en une école nationale, transférée d'abord à Compiègne (*arrêté du 13 thermidor an IX*), puis enfin à Châlons (1) (*Décret de septembre* 1806).

(1) Cette école y est encore établie et fournit à l'industrie et aux chemins de fer de précieux et intelligents collaborateurs.

CHAPITRE VI

Armoiries et sceaux des métiers.

En France, des pièces armoiriales (1) figuraient, dès
1170 (2), sur les écus, avant même d'être encore regar-
dées comme insignes (*épisémes*) d'une famille ou d'un
fief. Dans la partie la plus ancienne du vocabulaire de
Jean de Garlande (3), on lit : « *Les marchands armu-*
riers de Paris fournissent toutes les villes du royaume ;
ils vendent aux chevaliers des écus couverts de toile,
de cuir et de laiton, peints à lys et à lions. (Scutarii
prosunt civitatibus totius Galliæ, vendunt militibus
scuta, tecta telá, corio et aurichalco, leonibus et foliis
liliorum depictis). »

Le nom héraldique des pièces n'est pas de suite fixé ;
le rouge n'est pas encore gueules, le noir n'est pas sable,
le blanc n'est pas argent, les chevrons se nomment
bandes debélic *(oblique)*. Il y eut des armes parlantes :
les trois *chabots* des seigneurs de Chabot, les deux *bars*
des comtes de Bar, les *bourdons* des Labourdonnais, les
mails de Mailly, les *broies* des sires de Broie, les

(1) *L'épervier d'or*, description historique des joutes et tournois qui, sous le
titre des nobles rois de l'Epinette, se célébrèrent à Lille au moyen âge (1280-
1490), par Lucien de Rosny. — Valenciennes, 1839, in-8°.

(2) E. de Barthélemy. *Les Armoiries des ouvriers en fer*. Petite Revue de
Saint-Quentin, 11 mai 1873. Voir P. Menestrier; Le Labourcur; Poïy d'Avant;
de Wailly; Édouard de Barthélemy; Paulin Pàris.

(3) Ce vocabulaire est imprimé à la suite de Paris, sous Philippe le Bel.
Jean Garlande en fut le commentateur ou l'auteur.

lions de la ville de Lyon, les *tours* de Tours, les *châteaux* de Château-Thierry.

Les bourgeois eurent aussi des armes : les bezans de Monnoyes, le fermail des Fermault, les gousses de pois des Aspois, le fer à cheval des Maréchal. Les bourgeois de Lille, d'Arras, de Douai, de Reims, d'Amiens ne figuraient-ils pas d'ailleurs aux joutes et tournois fondés par eux et pour eux (1) ?

A Londres, dès 1435, les forgerons (2) reçurent des armoiries. A Cologne, les forgerons eurent aussi un écusson, représentant une couleuvre en pal, accompagnée d'un marteau et de tenailles en sautoir. Lors de la confection de l'amorial de 1667, d'Hozier enregistra les armoiries de toutes les corporations. A Pont-Audemer les ferronniers portaient : d'argent à l'autruche de gueules, tenant en son bec un fer chaud. Pour les serruriers : d'argent à la clef de sable en pal. Pour les maréchaux : d'argent à la butte de sable, accostée de deux fers à cheval de gueules. Pour les serruriers de Caen : d'argent à la clef de sable, l'anneau en haut, lié de gueules ; mêmes armes pour les mêmes corporations de Vire, d'Avranches, Orbec, Lisieux, Bayeux, Cherbourg. Les serruriers arquebusiers de Bayeux : de gueules au ciboire d'or. De Bernay : de sable au maillet d'argent emmanché d'or, adextré d'une clef d'argent et senestré d'un canon d'arquebuse. Ceux de Lisieux portaient la clef et le maillet en or. Les confréries de saint Éloi (patron de tous les ouvriers travaillant les métaux) : d'azur au marteau d'or. A Soissons, les maréchaux portaient : d'argent à une butte de sable, accostée de deux fers à cheval de gueules ; les serruriers : d'azur à une clef d'argent posée en pal. Les charrons, serruriers, maréchaux de la ville de Vailly :

(1) Sur l'écu du comte de Flandres, mort en 1170.
(2) *Les Armoiries des ouvriers en fer.*

d'azur au saint Éloi d'or, croisé et mitré de même (1).

Les archives nationales possèdent de nombreux sceaux, dont se servirent les maîtres et artisans des diverses professions.

Le sceau de Jehan de Francherie, arpenteur-juré du Roi, dont il use en son dit office et en toutes les aultres affaires, est appendu à une expertise du 6 mars 1462. Renier de Saint-Lorans, charpentier-juré de l'hôpital de Saint-Jean de Jérusalem, à Paris (29 avril 1571) a, pour armes, un écu chargé de deux haches en sautoir, accompagnées d'une fleur de lys en chef et d'une étoile en pointe. Ses compagnons, Robert Foucher et Nicolas Labbé (1408) ont les mêmes sceaux. Au pied d'une quittance de Jehan Pintovin, maçon juré du Roi (Paris, 5 mai 1349), on voit le sceau de ce maître figurant en écu, chargé d'un marteau, accosté d'une équerre et d'une truelle, sommé et flanqué de fleurs de lys, dans un encadrement quadrilobé. Le sceau de Vincent du Bourg la Royne, maçon juré du Roi à Paris (5 mai 1349), de Guillaume Halle (1371), de Michel Mote (1372), de Rémon du Temple, maçon du Roi (13 décembre 1372), portent de semblables emblèmes. Jehan Chevrin (1500) a des armes parlantes : un arbre, entouré d'une haie, sur lequel se dresse une chèvre (1500) (2); Laurent de Busy porte un marteau entouré de branchages (1500) ; Jehan Lambert, maçon et faiseur de meules, a son écu chargé d'un coq avec trois étoiles (1438) (3); les médecins Robert de Saint-

<hr>

(1) *La Sainte-Chapelle du Palais,* par Charles Desmaze. — Dentu, éditeur, 1872.

(2) Au musée d'Auxerre, sous le n° 346, figure un sceau campanulé (quinzième siècle). Au centre, un animal accroupi ; au-dessous, une étoile, une fleur de lys; autour, deux légendes concentriques : « Regnars Chatelin, boichier d'Auceure. »

(3) *Collection des sceaux,* par M. Douët-d'Arcq, sous-chef de section aux Archives nationales. — Plon, éditeur. Paris, 1867.

Germain et Henri le Lion ont : l'un, un pélican nourris-
sant ses petits (1276), et l'autre, un lion rampant (*Sigil-
lum Mag. Henrici Lionis phisici*. Simon Lepelletier a
une paire de ciseaux (1231). Les tisserands de Fouge-
rolles (1211), de Provins, d'Arles ont leurs sceaux,
comme les associations des marchands lombards et
italiens (1277).

Souvent l'Hôtel-Dieu de Paris s'est enrichi de dons
opulents faits par des artisans : Le 14 mars 1507, adjudication à M. Geoffroy Lemaître de la maison à l'enseigne du *Chat qui pêche* (1).

L'Hôtel-Dieu reçoit ou échange : 14 mars 1536, une
maison rue des Prescheurs, à l'enseigne de *la Cuillère*;
une maison, rue des Amandiers, à l'enseigne de *Saint-
Jean Baptiste* (1307); une maison, située au bout du
Petit-Pont, à l'enseigne du *Chef Saint-Quentin*, est
disputée entre l'Hôtel-Dieu de Paris et les chanoines de
la Sainte-Chapelle (1330-1532); maison, située sur le
Petit-Pont, à l'enseigne *l'Annonciation Notre-Dame*
et ensuite le *Croissant* (1303); la maison du *Plomb*,
derrière la chapelle de l'Hôtel-Dieu, toute voisine de *la
Fleur de lys*; la maison à l'enseigne de *la Queue du
renard*, rue de la Bûcherie du Petit-Pont (1481); les
maisons à l'enseigne de *Saint-Liénard*, rue de la Bûcherie (1686); même rue, à l'enseigne de *la Croix d'or*
(1646), à l'enseigne de *l'Écouvette* (1646), à l'enseigne
de *Notre-Dame* (1646), à l'enseigne de *l'Homme sau-
vage* (1576), à *l'Image Saint-Jean* (1645), à *l'Image
Sainte-Barbe* (1629), à l'enseigne du *Couperet* (1646,
à l'enseigne des *Trois Marmousets* (1627), à l'enseigne
du *Passe-Temps* (1653), à l'enseigne de *l'Écu de France*
(1646), à l'enseigne de *Saint-James* (1635), à l'enseigne

(1) *Archives de l'Assistance publique à Paris*. — Paris. Paul Dupont.

du *Loup* (1599), à l'enseigne des *Carneaux* (1709). — 1754, legs de tous ses biens, fait par Paul Bellanger, serrurier, à Paris.

On sait que les verriers étaient tous gentilshommes et que, par un singulier privilége, ils exerçaient cette profession sans déroger.

Nos souverains vinrent toujours et largement en aide aux ouvriers, aux artisans habiles, à nos véritables artistes.

Vers la fin de son règne , le 22 décembre 1608 , Henri IV rendit l'arrêté suivant. La grande galerie du Louvre venait d'être achevée ; et, dans une louable sollicitude pour les artistes de son époque, il ordonna de disposer le rez-de-chaussée en boutiques et en appartements, destinés à servir d'ateliers et d'asiles aux plus renommés artisans de son choix. Voici, du reste, le texte même de la décision royale : « Nous avons, disait-il, fait disposer le bâtiment en telle forme que nous puissions loger commodément quantité des meilleurs ouvriers et des plus suffisants maîtres qui pourroient se recouvrer, tant de peinture (1), sculpture, orfévrerie, horlogerie, insculpture en pierreries, qu'autres de plusieurs et excellents arts, tant pour nous servir d'iceux, comme pour estre par ce même moyen employés par nos subjets..... »

Dégagés des obligations gênantes qu'imposaient les corps des métiers, ces artisans n'étaient astreints à subir ni les visites, ni les jugements des jurés. Ils travaillaient sous protection royale. Chacun d'eux pouvait avoir deux apprentis, et, tous les cinq ans, en faire recevoir un comme maître, « sans être astreints faire aucun chef-d'œuvre, prendre lettres, se présenter à la maistrise, faire appeler

---

(1) M. Q. De La Tour, peintre du Roi Louis XV, logeait aux galeries du Louvre. Voir sa *Biographie*. — Langlet, éditeur, Saint-Quentin, 1873.

lorsqu'ils seront passés les maîtres desdites œuvres, ou leur payer aucun festin, ni autre chose semblable. »

Un pareil privilége ne pouvait manquer de susciter des protestations. C'est ce qui arriva. Les métiers réclamèrent, voulurent empêcher ces artisans libres de travailler pour le public et leurs apprentis de s'établir ; mais le roi maintint, par lettres patentes de 1609, leurs priviléges qui furent encore contestés dans la suite et confirmés de nouveau, en 1671.

La victoire demeura si bien aux artisans du Louvre, qu'ils subsistèrent non-seulement sous Henri IV, mais encore sous ses successeurs, et ne cessèrent leur occupation privilégiée qu'à la chute de la monarchie absolue, qui avait créé une situation exceptionnelle (1).

C'est ainsi que le Louvre fut (2), au dix-septième siècle, une pépinière d'artisans célèbres, d'artistes et même de savants qui ont illustré la France. (A l'époque de la révolution de 1848, il y avait encore des artistes qui, par suite de la création d'Henri IV, possédaient des logements et des ateliers au Louvre) (3).

Autrefois il y avait des artistes qui ne dédaignaient pas d'être ouvriers : Bernard Palissy était potier ; Benvenuto Cellini, orfèvre, Raphaël traçait les magnifiques cartons destinés à être traduits en tapisseries, qui décorent aujourd'hui le Kensington Museum, après avoir fait l'honneur de la résidence royale de Hampton-Court.

(1) *André Boulle, l'ébéniste*, par Jules Périn, avocat, archiviste paléographe.

(2) Le 26 octobre 1770, à Fontainebleau. État des sommes que Monsieur veut être payées aux musiciens de Comédie italienne, qui y sont dénommés, pour avoir assisté aux fêtes qu'il a données au Roi et à la Reine, le dimanche 6 octobre. (Pièce signée par le comte de Provence, depuis Louis XVIII.)

(3) A Paris, dans l'*Enclos du Palais de Justice*, s'exerçaient de précieuses prérogatives ; avec la seule permission et sous le patronage du doyen du Parlement, des ouvriers habiles tenaient boutiques, sans payer aucun droit de maîtrise et sans fournir aux jurandes *leur chef-d'œuvre*.

SCEAUX DES ARTISANS

Nº 5858.
Sceau de Jean-François Francherie, arpenteur, de l'an 1462.

Nº 5865.
Sceau de Renier de St-Lorans, charpentier, de l'an 1371.

Nº 5867.
Sceau de Nicolas Labbé, charpentier-juré du roi, de l'an 1408.

Nº 5886.
Sceau de Jean Pintovin, maçon-juré du roi, de l'an 1349.

Nº 5887.
Sceau de Vincent du Bourg la Reine, maçon-juré du roi, de l'an 1349.

Nº 5890.
Sceau de Michel Moté, maçon-juré du roi, de l'an 1372.

Nº 5891.
Sceau de Raimond du Temple, maçon-juré, de l'an 1372.

Nº 5888.
Sceau de Guillaume Halle, maçon-juré du roi, de l'an 1371.

Nº 5899.
Sceau de Jean Chevrin, maçon-juré du roi, de l'an 1500.

Nº 5905.
Sceau de Robert de Saint-Germain, physicien, de l'an 1276.

Nº 5916.
Sceau de Simon le Pelletier, pelletier, de l'an 1231.

Nº 5917.
Sceau de Tostain le Tisserand, de Feugeroles, de l'an 1211.

CHAPITRE VII

La juridiction des marchands.

Au commencement du quatorzième siècle, le puissant
corps des merciers s'était donné, en s'organisant, un *roi
des marchands* ou *des merciers*, qui avait quelque juridiction sur les marchands, en même temps qu'un droit de
visite sur les marchandises et les aunages.

— Dès 1349, les officiers préposés à la police des foires
de Brie et de Champagne avaient reçu de Philippe le Bel
la juridiction la plus ample et, dans la suite, l'usage s'é-
tait généralisé d'instituer auprès de chaque foire une juridiction semblable connue sous le nom de *Conservation*
ou simplement de *Consulat*. A Paris, au quinzième siècle, les marchands réglaient entre eux leurs différends
dans les assemblées du *parloir aux bourgeois* (1).

— François II « voyant combien il était de conséquence

(1) Le registre des ordonnances de la prévôté des marchands de Paris
(1371-1547) commence ainsi :

« C'est la table de ce présent livre où sont les constitutions, statuz et ordonnances desquelles on a acoustumé de user et selon lesquelles on se doit
régler et limiter en l'auditoire de la prévosté des marchands et eschevinage
de la ville de Paris, et dont la cognoissance appartient aux prévost des marchans et eschevins de la dicte ville, pour ce que icelle prévosté est principalement fondée et a le regard avecques toute juridiction, cohercion, court et

de ne pas laisser plaider les marchands, pour fait de marchandises, par devant les juges ordinaires, pour les exempter des frais et pour les tirer des longueurs des procédures », rendit un édit par lequel il créa un tribunal arbitral.

— La création de la justice consulaire à Paris compte de novembre 1563, ce qui ne veut pas dire que les intérêts du commerce, déjà florissant à l'ombre des garanties données aux libertés publiques par Louis VI, Philippe-Auguste et saint Louis, n'aient point trouvé de protection avant Michel de l'Hôpital. Mais l'organisation véritable date de cet édit rendu « pour le bien public et abréviation de tous procès et différends entre les marchands, qui doivent négocier ensemble et de bonne foi sans être astreints aux subtilités des lois et ordonnances. »

Conformément aux prescriptions de l'édit, ces juges et quatre consuls des marchands furent élus, le 27 janvier 1564. Le même jour, une assemblée de cinquante notables, convoqués sur la demande des juges-consuls, décida qu'une somme de 20 mille livres à répartir entre les marchands serait faite pour l'acquisition d'un bâtiment, qui serait le siége futur de la juridiction. En attendant, les juges et consuls s'assurèrent un asile à l'abbaye Saint-Magloire, rue Saint-Denis, et, le 7 février suivant, *ils s'installèrent au siége eux-mêmes*, comme le constate le procès-verbal, et *commencèrent à rendre la justice au peuple*.

cognoissance sur tous les marchans et marchandises, chacun jour venans et affluans en la dicte ville tant par eaue come autrement. Charles, par la grâce de Dieu, roy de France, savoir faisons à tous présens et avenir de la partie du procureur général de nous et de nostre bonne ville de Paris sur le fait de la marchandise de l'eaue nous avoir esté exposé. »

(1) Denière, *Histoire du Tribunal de commerce de Paris*. — Plon, éditeur, 1871.

Tels furent les débuts modestes de cette juridiction composée de cinq marchands, qui allait avoir à lutter contre de puissants ennemis, intéressés à sa ruine, entre autres le prévôt de Paris, le prévôt de l'hôtel et le prévôt des marchands (1).

Le recrutement de cette magistrature consulaire a été bien varié depuis son existence. Pour ne parler que de ce siècle-ci, il y a eu d'abord le régime du Code de commerce de 1807, qui faisait élire les juges dans une assemblée composée de commerçants notables, dont la liste était dressée sur tous les commerçants de l'arrondissement par le préfet et approuvée par le ministre de l'intérieur.

Le décret du 28 août 1848 a admis comme éligibles tous les commerçants patentés depuis cinq ans, domiciliés depuis deux ans au moins dans le ressort du tribunal et non exclus pour une cause légale.

Le décret du 2 mars 1852 a remis en vigueur le Code de 1807 et exigé, pour être commerçant, les deux qualités de *commerçant* et de *notable*.

Le décret du 17 octobre 1870, surenchérissant sur le décret de 1848, concéda le droit électoral à tous les patentés de l'arrondissement.

La loi du 21 décembre 1871 n'a plus étendu le droit de suffrage à tous les commerçants, mais elle a institué, pour remplacer l'intervention du préfet et du ministre, une commission composée d'éléments multiples, empruntés, pour la plupart, à des corps indépendants.

(1) En 1614, le prévôt des marchands, Miron, président du tiers-État, veut aller à la procession, en qualité de prévôt des marchands, vêtu des couleurs de la ville, le lieutenant civil au Châtelet s'y oppose. (Voir aux archives du Ministère des affaires étrangères, dont MM. de Rémusat et de Broglie nous ont ouvert l'accès, les précieux manuscrits du duc de Saint-Simon, vol. 18, 49 et suivants.)

CHAPITRE VIII

Table chronologique des prévôts de Paris, qui avaient
spécialement dans leurs attributions la surveillance
des métiers (1).

Prévôts et comtes de Paris.

An 588. Montmol. (Voy. le *Traité de police*, t. I,
p. 114, dernière édition.)
663. Erembaldus. (Voy. *Id.*) Il était encore en 666.
759. Gerardus. (Voy. *Id.*)
778. Stephanus. (Voy. *Id.*)
869. Chonrardus. (Voy. *Id.*)

Vicomtes.

884. Inféodation du comté de Paris. (Voy. *Hist. de
Paris* de Félibien, t. I, p. 117.)
884. Grimaldus. (Voy. le *Traité de police*, t. I, p. 115.)
923. Teudo. (Voy. *Id.*)
987. Adalelmus. (Voy. *Id.*)
1027. Falco. (Voy. *Id.*)

(1) Bibliothèque nationale de Paris. — Manuscrits fr., 8054.

Prévôts de Paris.

1032. Le comté de Paris est réuni à la couronne par droit de réversion.

1060. Étienne II. (Voy. le *Traité de police*, t. I, p. 115 et 119.) Il l'était en 1067. (Voy. l'*Hist. de Paris*, t. III, p. 50.)

1192. Anceau ou Anselme de Garlande.(Voy. le *Traité de la police*, t. I, p. 119.)

1196. Hugues de Meulant. (*Hist. de Saint-Denis*, p. 212.)

1200. Thomas. (*Hist de l'université de Paris*, t. III, p. 1, t. I, p. 23, le *Recueil du Louvre*.)

1235. Étienne de Boylesve. (Voy. le *Journal de Trévoux* de Max, 1750, p. 1146.)

1245. Guerves de Verberie (Voy. le *Traité de police*, t. I, p. 120.)

1245. Gaultier le Maistre. (Voy. *Id.*)

1256. Henry ou Hervé d'Hyères. (Voy. le *Traité de la police*, t. I, p. 120 ; Voy. aussi la sentence du mercredi avant la Madeleine 1256.)

1256. Eudes le Roux. (Voy. *Id.*)

1258. Étienne Boileau. Saint Louis réforma le Châtelet et institua Étienne Boileau dans l'office de garde de la prévôté de Paris en cette année 1258, selon un manuscrit de la vie de ce prince, qui est dans la Bibliothèque nationale et est cité dans le *Traité de la police*, t. I, p. 120. Étienne Boileau était encore prévôt de Paris en 1265 et 1267, selon l'*Hist. de Paris*, t. IV, p. 514.

May 1270. Regnauld Barbou.

Novembre 1277. Gui du Meis.(Voy. la sentence du mois de Novembre 1277.)

Octobre 1283. Gilles de Compiègne. (Voy. *Id.*)

Décembre 1285. Odard de Villeneuve ou de la Neuville. (Voy. *Id.*)

Mars 1287. Pierre d'Aunnau ou Daunnau ou Senault. (Voy. *Id.*)

Octobre 1290. Jean de Montigny.

Février 1291. Jean de Marle. (Voy. *Id.*)

17 avril 1291. Guillaume d'Hangest. (Voy. *Id.*) Il l'était encore en janvier 1295.

En 1296. Jean de Saint-Lienare. (Voy. *Id.*)

1296. Adam Alati. (*Hist. de Paris*, t. IV, p. 516.)

1297. Robert Mauga ou Mauger.

Décembre 1298. Guillaume Chiboust ou Thiboust. Il l'était en encore 1301. (Selon l'*Hist. de Paris*, t. IV, p. 517.)

An 1302. Pierre le Jumeau. (*Hist. de Paris*, t. III, p. 297.) Il l'était encore en 1304. (Voy. *Id.*, première partie, p. 512 ; voy. aussi Fleury, *Hist. ecclésiastique*, liv. 90, Nomb. 45, t. 19, p. 84, et l'*Hist. de Paris*, de Félibien.)

1304. Pierre de Diey.

1308. Firmin Cocquerel. (Voy. *Liv. vert anc.*, fol. 75, où il y a *Vidimus de luy des anciens statuts des foulons;* voy. aussi un arrêt du parlement de 1308 cité dans le *Traité de la police*, t. I, p. 257, deuxième édition.)

14 juin 1308. Guillaume Gormont. (*Hist de l'université*, t. IV, p. 114 et 115.) Peut-être y a-t-il erreur, car il y a un Guillaume de Gourmont en 1343 et 1344.

10 octobre 1308. Pierre Leféron. (*Hist. de Paris*, première partie, p. 526.) Il a succédé à Guillaume Gormont, selon l'*Hist. de l'université*, t. IV, p. 114 et 115. Il l'était encore en 1309, selon le *Recueil des ordonnances des rois de France de la troisième race*, t. I,

p. 465. — Il paraîtrait, selon le même recueil, qu'il aurait été rétabli en 1313.

1310. Jean Ploiebauch. (*Hist. des prévôts de Paris*, par Leféron.)

1er août 1314. Étienne Barbette. (Voy. *l'Hist de Paris*, première partie, p. 526.)

1317. Jean Robert. (*Ordonnances des rois de la troisième race*, t. I, p. 751.)

1316, av. Pâq. — Henry Tapperel. (*Hist. de Paris*, t. IV, p. 520; *Ordonnances des rois de France de la troisième race*, t. II, p. 500.) Il l'était encore en 1320, selon la même histoire.

Mai 1320. Gilles Haguin.

Juin 1321. Jean Robert. (Voy. *Ordonnances des rois de France de la troisième race*, t. I, p. 751.)

24 février 1322. Jean Londe ou plutôt Loncle. (Voy. les *Ordonnances des rois de France de la troisième race*, t. IV, p. 125.) Il l'était encore en février 1323.

1325. Pierre de Javoux. (*Hist. des connétables et des prévôts de Paris*, par Pierre Leféron.)

Février 1325. Hugues de Crusy. (*Hist. de Paris*, t. V, p. 631.) Il a succédé à Pierre de Javoux, selon la même histoire, première partie, p. 569.

19 novembre 1330. Jean de Milon. (Voy. Leféron et le *Recueil des ordonnances des rois de France de la troisième race*, t. II, p. 13.) Il l'était encore le 14 octobre 1333. (Voy. *id.*, t. III, p. 59.)

Août 1334. Pierre Belagent. (*Hist. de Paris*, t. III, p. 241.) Il l'était encore le mardi après la fête du Saint-Sacrement de l'an 1339. (Voy. *Recueil des ordonnances des rois de France de la troisième race*, t. II, p. 119.)

29 novembre 1339. Guillaume de Gourmont II. (Voy. l'*Hist. des connétables et des prévôts de Paris*, par Leféron.) Il l'était encore le 3 février 1348, selon le *Traité*

de police, t. IV, p. 302, et le lundi des Pasques fleuries, 6 août 1348, selon Leféron.

6 avril 1348 avant Pasques. Alexandre de Crèvecœur. (Voy. l'*Hist. des connétables et des prévôts de Paris,* par Leféron.) Il l'était encore le 23 juillet 1353, selon l'*Hist. de Paris*, t. III, p. 24.

12 février 1353. Guillaume Staise. (Voy. Leféron et l'*Hist. de Paris*, t. III, p. 274.) Il l'était encore en 1358. (Voy. la même histoire, première partie, p. 640 et 645, et les *Ordonnances des rois de France de la troisième race*, t. III, p. 248.)

1358 ou 1363. Jean la Vache de Meudon. (Voy. les *Ordonnances des rois de France de la troisième race*, t. III, p. 488, note, et l'*Hist. de Paris*, première partie, p. 650.) Leféron paraît le faire exercer du 30 mars 1358 au 18 mai 1361.

18 mai 1361. Jean Bernier. (Voy. l'*Histoire* de Leféron et le *Recueil des ordonnances des rois de la troisième race*, t. IV, p. 609 et 709.) Il paraît être encore prévôt en 1366.

3 septembre 1367. Hugues Aubriot. (Voy. Leféron et l'*Hist. de Paris*, t. III, p. 18; voy. aussi sa vie et ses ordonnances, par M. Leroux de Lincy.)

30 mai 1381. Audoin Chauveron. Il l'était encore le 19 juin 1384. (Voy. l'*Hist. de Paris*, t. III, p. 407; et un mémoire de M. Secousse, imprimé dans les Mémoires de l'Académie, t. 20, p. 490.)

23 janvier 1388 (vieux style). Jean de Folleville. (Il l'était encore le 6 juillet 1396, selon les *Ordonnances des rois de France de la troisième race*, t. III, p. 582, et le 1ᵉʳ août 1400, selon l'*Hist. de Paris*, t. III, p. 344.)

— M. Leféron met en cet endroit, à l'an 1394, un Guillaume de Hangest, mais c'est, selon moi, le même qu'en 1294.

6 juin 1401. Guillaume de Tignonville. (Voy. Leféron.)
Il l'était encore le 24 mai 1404, suivant les *Ordonnances
de la troisième race*, t. IV, p. 40, et le 28 octobre 1407,
suivant les statuts de ce jour.

1407. Pierre l'Orfèvre. (Voy. Leféron, p. 22.)

5 mai 1408. Pierre des Essarts a succédé à Guillaume
de Tignonville, selon l'*Hist. de Paris*, t. IV, p. 522.

8 novembre 1410. Bruneau de Saint-Cler. (Voy. Leféron et l'*Hist. de Paris*, t. V, p. 321.) Il a succédé à
Pierre des Essarts, selon la même histoire, première
partie, p. 750.

19 septembre 1411. Pierre des Essarts rétabli. (*Hist.
de Paris*, première partie, p. 755 et 767, et Leféron.)

1412. Robert le Borgne de la Heuse. (Voy. l'*Hist. de
Paris*, première partie, p. 762.)

3 août 1413. Tanneguy du Chatel. (Voy. le *Journal
de Paris*, p. 17, conjointement avec Bertrand de Mon-
tauban; voy. l'*Hist. de Paris*, première partie, p. 770.)

6 août 1413. Robert de la Heuse dit le Borgne, rétabli le 6 août 1413. (Voy. le *Journal de Paris*, p. 18.)

25 septembre 1413. André le Marchant. (Voy. le registre intitulé *Doulx Sire* et le *Journal de Paris*, p. 19
et 25.)

23 octobre 1414. Tanneguy du Chatel, rétabli pendant
deux jours et deux nuits. (Voy. Leféron et le *Journal de
Paris*, p. 25, ligne 3.)

25 octobre 1414. André le Marchand rétabli. (Voy. Leféron.) Il resta en place près de quatre mois.

19 février 1414. Tanneguy du Chatel rétabli. (Voy.
l'*Hist. de Paris*, première partie, p. 785.) Il fut fait
amiral, le 18 décembre 1415. (Voy. le *Journal de Paris*, p. 28.)

1416 ou 1418. Jacques de Villiers, seigneur de l'Isle-
Adam. (Voy. Leféron.)

29 ou 31 mai 1418. Guy de Bau, dit le Beau, a succédé à Tanneguy du Chatel. (Voy. Leféron.)

19 ou 29 août 1418. Jacques Laubau ou Lamben, commis en l'absence de Guy de Bau à l'exercice de la prévôté de Paris. (Voy. l'*Hist. de Paris*, t. IV, et Leféron ; voy. aussi le *Journal de Paris*, p. 49.)

3 ou 13 octobre 1418. Guy de Bau, dit le Beau, rentra dans sa charge, le 3, le 10 ou le 13 octobre 1418. (*Journal de Paris*, p. 50.)

3 février 1418 (vieux style). Gilles de Clamecy. (*Hist. de Paris*, première partie, p. 796.) Le 5 octobre 1419, il se démit de son office au parlement, lequel procéda à l'élection d'un autre prévôt, et Gilles de Clamecy fut derechef élu.

1419. Robert de Montjeu. (Voy. Leféron.)

7 ou 17 décembre 1420. Jean Dumesnil. (Voy. l'*Hist. de Paris*, t. IV, p. 585, et le *Journal de Paris*, p. 73.)

14 mars 1420 (vieux style). Jean de la Balme. Il paraît n'avoir été que commis à l'exercice de la prévôté.

5 mai 1421. Pierre de Marigny. (*Hist. de Paris*, t. IV, p. 586 et Leféron.)

1421. Hugues Restore. (Voy. Leféron).

Première semaine d'août 1421. Pierre, dit le Barrat. (Voy. Leféron et *Journal de Paris*, p. 77.)

3 février 1421 (vieux style). Simon de Champluisant a succédé à Pierre de Marigny, selon l'*Hist. de Paris*, et à Pierre le Werrat ou Barrat, selon le *Journal de Paris*, p. 81.

1422. Jacques de Luxembourg. (Voy. Leféron.)

1er décembre 1422. Simon de Morhis a succédé à Simon de Champluisant, selon l'*Hist. de Paris*, t. IV, p. 589, et selon le *Journal de Paris*, p. 91.

Juin 1432. Gilles de Clamecy, garde de la prévôté

pendant l'absence du prévôt. (Voy. *Journal de Paris*, p. 150.)

3 ou 19 avril 1436. Philippe de Ternaut. (Voy. Leféron et le *Journal de Paris*, p. 170.)

22 novembre 1440. Ambroise de Loré. (Voy. l'*Hist. de Paris*, première partie, p. 837.)

4 juillet ou 7 août 1446. Jean d'Étouteville. (*Hist. de Paris*, première partie, p. 837.) Branche des seigneurs de Torcy.

16 décembre 1448. Robert d'Étouteville. (*Hist. de Paris*, première partie, p. 848.)

1er septembre 1461. Jacques de Villiers. (*Hist. de Paris*, première partie, p. 848.)

Octobre ou 7 novembre 1465. Robert d'Étouteville rétabli. Il décéda le 3 juin 1379.

12 mars 1479. Jacques d'Etouteville III succéde à son père, selon Moreri, *verbo* Estoutville. Il exerçait encore en 1499, selon Leféron.

22 octobre ou 19 novembre 1509. Jacques de Coligny. (Voy. Leféron.) Il décéda au mois de mai 1512, selon Leféron, ce qui n'est pas exact, car il fut tué au siége de Ravenne, le jour de Pasques 10 avril 1512.

14 mars 1512 (vieux style). Gabriel d'Alègre. (*Hist. de Paris*, t. IV, p. 637, et Leféron.)

3 juin ou 13 octobre 1526. Jean de la Barre. (*Hist. de Paris.*, t. IV, p. 675, et Leféron.) Il est décédé le 28 février 1533.

7 mars 1533. d'Estouteville IV. (*Traité de la police*, t. III, p. 1001.)

4 avril 1546 ou mars 1547. Antoine Duprat. (*Hist. de Paris* t. IV, p. 728.)

14 février 1554 (vieux style). Antoine Duprat II, fils du précédent. (*Hist. de Paris*, t. IV, p. 764.)

12 décembre 1591. Charles de Neufville, baron d'Alin-

court, fut établi prévôt par la Ligue, mais Antoine Duprat était reconnu par les royalistes.

1ᵉʳ octobre 1594 ou ... 1595. Jacques d'Aumont, baron de Chappes, a succédé à Antoine Duprat II. (Leféron.)

1611 ou 1612. Louis Séguier. (Voy. la *Réponse du prévôt de Paris au mémoire des officiers du Châtelet*.)

Décembre 1653. Pierre Séguier II. (Voy. la *Réponse du prévôt de Paris* ci-dessus citée.)

Juin 1670. Armand de Cambout, duc de Coislin. (Ce duc ne se fit pas recevoir dans l'office de prévôt, dont il avait obtenu des provisions, et le siége resta vacant jusqu'en 1685, selon la *Réponse* ci-dessus citée.

Pourvu en 1685 et reçu en 1687, Charles Denis de Bullion. (Voy. la *Réponse* ci-dessus citée et le *Traité de Police*, t. I, p. 455.) Il était encore en exercice le 15 juillet 1718. (Voy. le même *Traité*, t. III, p. 1057.) Il mourut le 20 mai 1721, selon Moreri.

30 janvier 1723. Gabriel-Jérôme de Bullion II, fils du précédent, décédé le 21 décembre 1752.

1755. — Alexandre de Ségur.

1766 à 1792.—Anne-Gabriel-Henri Bernard de Boulainvilliers.

Lieutenants conservateurs des priviléges royaux de l'Université de Paris.

1544. — Bertrand Joly.

1545. —Michel Vialart.

1559. — Nicolas Luillier.

Août 1559. — Pierre Rubentel.

Préfets de police de Paris.

Les préfets de police ont, par leurs vigilantes et incessantes attributions, si directement continué l'œuvre des prévôts de Paris, que nous en donnons la liste complète :

Dubois, membre du bureau central, préfet de police du 17 vendémiaire an VIII au 14 novembre 1810 (1).

Pasquier, conseiller d'État, préfet de police du 11 octobre 1810 au 15 mai 1814.

Beugnot, directeur général, exerçant les fonctions de préfet de police, du 15 mai 1814 au 3 décembre 1814.

D'André, directeur général du 5 décembre 1814 au 14 mars 1815.

Bourrienne, conseiller d'État, préfet de police du 14 mars 1815 au 20 mars 1815.

Réal, conseiller d'État, préfet de police du 20 mars 1815 au 3 juillet 1815.

Courtin, procureur du Roi à Paris, préfet de police du 3 juillet 1815 au 6 juillet 1815.

Decazes, conseiller à la Cour de Paris, préfet de police du 9 juillet 1815 au 30 septembre 1815.

Anglès, conseiller d'État, préfet de police du 30 septembre 1815 au 20 décembre 1821.

Delavau, conseiller à la Cour de Paris, préfet de police du 20 décembre 1821 au 8 janvier 1828.

Debelleyme, procureur du Roi à Paris, préfet de police du 6 janvier 1828 au 12 août 1830.

Mangin, conseiller à la Cour de cassation, préfet de police du 15 juillet 1830 au 30 juillet 1830.

Bavoux, député de la Seine, préfet de police du 30 juillet 1830 au 1er août 1830.

Girod (de l'Ain), conseiller à la Cour de Paris, préfet de police du 1er août 1830 au 3 novembre 1830.

Treilhard, préfet du département de la Seine-Inférieure, préfet de police du 7 novembre 1830 au 28 décembre 1830.

Baude, sous-secrétaire d'Etat au ministère de l'Inté-

---

(1) *Le Châtelet de Paris.* — Didier, éditeur, 35, quai des Augustins.

rieur, préfet de police du 28 décembre 1830 au 21 février 1831.

Vivien, procureur général près la Cour d'Amiens, préfet de police du 21 février 1831 au 17 septembre 1831.

Saulnier, préfet du département de la Mayenne, préfet de police du 17 septembre 1831 au 14 octobre 1831.

Gisquet, secrétaire général de la police de Paris, préfet par intérim du 14 octobre 1831 ; préfet de police du 26 novembre 1831 au 10 septembre 1836.

Gabriel Delessert, préfet du département d'Eure-et-Loir, préfet de police du 10 septembre 1836 au 24 février 1848.

Caussidière, 24 février 1848.

Trouvé-Chauvel, 16 mai 1848.

Ducoux, juillet 1848.

Gervais (de Caen), octobre 1848.

Colonel Rébillot, décembre 1848.

Carlier, 8 novembre 1849.

De Maupas, ministre de la police, octobre 1851.

Piétri (P.), janvier 1852.

S. Boitelle, mars 1858.

Piétri (Joseph), février 1866.

De Kératry, 4 septembre 1870.

Adam, 11 octobre 1870.

Cresson, 2 novembre 1870.

Choppin, secrétaire, chargé de l'intérim, février 1871.

Général Valentin, 15 mars 1871.

Léon Renault, 17 novembre 1871.

CHAPITRE IX

Résumé et Conclusion.

Les mesures législatives qui, depuis près d'un siècle,
ont réglé la situation des travailleurs, sont peu nombreuses, mais elles ont eu une grande influence sur le développement et la transformation des classes ouvrières.
Aussi allons-nous successivement étudier les lois relatives à *la liberté du travail,* — et les lois relatives
à *l'amélioration et au bien-être des classes ouvrières.*

Des lois relatives à la liberté du travail.

Nous avons dit dans quelles entraves le travail et l'industrie étaient enserrés encore, en 1789. — Les différents métiers formaient des corporations, en dehors desquelles nul ne pouvait commercer ou fabriquer, et, pour
arriver à la maîtrise dans une corporation, il fallait passer par le stage interminable de l'apprentissage et du
compagnonnage, stage que franchissait même un bien
petit nombre d'élus. Il n'était guère donné qu'aux privilégiés de la fortune et de la naissance, aux fils de maîtres
d'entrer dans la terre promise de la maîtrise.

Les maîtrises et les jurandes qui avaient eu leur raison d'être à une époque de trouble et de barbarie où l'industrie avait besoin, pour se défendre contre les seigneurs, de former un corps régulier organisé sous la tutelle du Roi, n'étaient plus qu'une entrave pernicieuse à la liberté, à une époque où la loi protégeait suffisamment les individus isolés. La privation du travail infligée à un grand nombre, le monopole qui restreignait la consommation, l'imperfection des produits, conséquence de l'apathie de l'industriel non stimulé par la concurrence, tous ces inconvénients si graves se trouvaient être sans compensation.

Le régime du privilége tomba donc dans la nuit du 4 août 1789 et sa suppression fut réglementée par la loi du 2-16 mars 1791. Plus de corporations, émancipation de l'industrie, liberté du travail. Certaines industries restent cependant soumises à l'autorisation du gouvernement ; mais elles sont peu nombreuses et l'exception se justifie par des considérations d'ordre public. La constitution de l'an III vint consacrer à nouveau les principes de la loi de 1791 et déclarer que « toute loi prohibitive en ce genre, quand les circonstances la rendent nécessaire, est essentiellement provisoire et n'a d'effet que pendant un an au plus, à moins qu'elle ne soit formellement renouvelée ».

Sous le Consulat et l'Empire, le désir d'assurer la régularité des subsistances et la fidélité des denrées poussa Napoléon Ier vers un retour partiel au régime des corporations.

Pour les boulangers d'abord, un arrêté consulaire du 19 vendémiaire an X vint soumettre à une autorisation préalable du préfet de police l'exercice de cette profession de pannetier. Pour obtenir cette autorisation, il fallait satisfaire à certaines conditions.

Quatre syndics étaient chargés des rapports des boulangers avec la police. Bientôt le nombre de ceux-ci ayant atteint un certain chiffre, non-seulement le préfet refusa de nouvelles autorisations, mais les boulangers s'entendirent pour racheter les fonds, dont la suppression était demandée, si bien qu'on arriva au rétablissement d'une véritable corporation, composée de cinq cent soixante boulangers.

Pour les bouchers, — même réglementation ; limitation de leur nombre, exigence de certaines conditions pour exercer le métier, et, en retour des charges qu'on leur imposait, interdiction aux bouchers forains de venir leur faire concurrence sur le marché de Paris.

La liberté de l'industrie tout entière aurait succombé, si Napoléon Iᵉʳ n'avait résisté aux entraînements d'esprits rétrogrades et intéressés.

Les décrets des 24 février 1858 sur la boucherie, et 22 juin 1863 sur la boulangerie sont venus replacer ces deux métiers sous le régime du droit commun, c'est-à-dire de la liberté, sauf toutefois les règlements de police dans l'intérêt de la salubrité publique.

Ainsi donc la loi sur la suppression des corporations, qui avait reçu quelques atteintes à une époque intermédiaire, est aujourd'hui intacte.

La Constituante, en proclamant la liberté du travail, avait entendu par-là non-seulement que le premier venu pouvait s'établir patron, mais que l'ouvrier n'était plus lié au maître ; qu'il pourrait, à sa guise, aller et venir et quitter un atelier pour un autre. Ce principe reçut, quelques années plus tard, atteinte par l'institution des livrets.

La loi du 22 germinal an XI porte que « nul ne pourra, sous les mêmes peines (dommages-intérêts envers le maître), recevoir un ouvrier s'il n'est porteur d'un livret portant le certificat d'acquit de ses engagements, délivré par celui de chez qui il sort». Cette loi, qui n'était qu'une mesure de police permettant de constater l'identité de l'ouvrier et de marquer les étapes de sa vie errante, fut exagérée par des arrêtés et des ordonnances de police, au point que le livret devint pour l'ouvrier une gêne et une servitude, sans compensation. Le livret fut assujetti aux mêmes formalités que le passeport, sans pouvoir en tenir lieu. Le maître eut le droit d'en exiger le dépôt comme garantie de la fidélité et de l'exactitude de l'ouvrier, d'y inscrire les avances qu'il lui faisait, de ne rendre le livret qu'après remboursement, ou de renvoyer l'ouvrier, qu'un autre patron ne pouvait employer sans se porter caution de la dette et sans l'acquitter par la retenue d'un cinquième, sur le salaire journalier.

Le Gouvernement de juillet songea à modifier la loi. Ce ne fut que sous la République que fut votée une loi, le 14 mai 1851, limitant à trente francs l'inscription sur le livret, des avances faites par le patron à l'ouvrier.

La loi du 22, 26 juin 1854 vint rendre obligatoire, pour toutes les catégories d'ouvriers, les livrets, mais défendit aux patrons d'y inscrire aucune annotation favorable ou non, et enjoignit la remise du livret, après inscription de la date d'entrée aux mains du propriétaire.

Des lois récentes ont supprimé les livrets et assuré, par conséquent, à l'ouvrier le bénéfice de la liberté, qui lui était garantie par la loi de 1791.

L'ouvrier étant placé sur la même ligne que le patron, ils devaient être égaux devant la loi. Aussi la Révolution n'avait-elle laissé subsister aucune des règles anciennes, qui faisaient de la condition d'ouvrier ou de domestique une condition à part. Pour toutes les contestations de ceux-ci, qu'elles eussent lieu avec le maître ou

avec un étranger, ils jouissaient du même bénéfice que
les patrons, quant à la manière d'établir leurs prétentions en justice. Il fallut l'esprit de réaction du premier
empire, entraîné vers les idées anciennes, et peu favorable à la classe ouvrière, pour insérer dans nos Codes
l'art. 1781, véritable anomalie au sein de notre législation égalitaire. Cependant les mauvaises lois sont diffi-
ciles à abolir, et les gouvernements respectèrent
l'art. 1781, qui ne disparut que par la loi du 2 août 1868,
votée à l'unanimité.

Une autre atteinte à l'égalité, excusée par la nécessité
de régulariser le travail dans les manufactures, de maintenir l'ordre et la justice dans les rapports entre patrons
et ouvriers, rapports désorganisés par le passage subit
d'un régime de réglementation étroite à un régime de
liberté, ce fut la création, par la loi du 22 germinal an XI,
d'une juridiction spéciale pour « toutes les affaires de
simple police entre les ouvriers et apprentis, les manu-
facturiers et artisans, qui devaient être portées à Paris
devant le préfet de police, devant les commissaires généraux de police dans les villes où il y en aurait d'établis,
et dans tous les autres lieux, devant le maire ou un des
adjoints. Ils prononceront, sans appel, les peines applicables aux divers cas, selon le Code de police municipale.
Si l'affaire est du ressort des tribunaux de police correc-
tionnelle ou criminelle, ils pourront ordonner l'arresta-
tion provisoire des prévenus, et les faire traduire devant
le magistrat de la sûreté. »

Il y avait dans la création de cette juridiction spéciale
une atteinte à l'égalité, qui ne se justifiait pas par la
compétence du juge, et ce fut très-heureusement qu'elle
disparut partiellement, d'abord par la loi du 18 mars 1806
qui créa un Conseil de prud'hommes à Lyon, et par les
décrets postérieurs, qui établirent successivement, dans

plusieurs villes de France, ce tribunal de famille (1).

L'égalité n'est pas seulement satisfaite lorsque les intérêts de chacun sont protégés par des mesures identiques ; ce n'est là qu'une égalité nominale. Pour qu'elle soit réelle, il faut que les mesures prises soient non pas les mêmes, ce qui importe peu, mais les plus appropriées aux intérêts de chacun. La classe ouvrière n'aurait pas reçu une satisfaction sérieuse, quand, sous prétexte qu'elle ne formait pas une corporation dans l'Etat, on lui aurait donné pour trancher les différends qu'elle avait avec les patrons, les mêmes juges que les autres citoyens ; égalité purement apparente, le tribunal de droit commun aurait été souvent enclin, surtout en des temps de trouble, par un esprit exagéré de conservation, à donner raison au maître, et puis les procès entre patrons et ouvriers ne peuvent se trancher équitablement que par des hommes appartenant, avec leurs connaissances et leur éducation, au monde des justiciables. Le germe posé dans la loi de 1806, qui fut développé dans les lois postérieures, devait donc produire les plus heureux résultats. Seulement, toujours par suite de l'esprit qui guidait les réformes impériales, l'élément ouvrier n'était pas suffisamment représenté dans cette juridiction ; l'élément patronal y dominait presque exclusivement. La loi du 27 mai 1848, animée d'un esprit de liberté exagérée, avait modifié la composition du Conseil, en sens contraire, d'une façon toute excessive. La loi du 1-4 juin 1853 est venue établir un juste tempérament et les Conseils sont composés, pour moitié, de patrons élus par leurs pairs ; pour moitié, d'ouvriers élus aussi par leurs pairs.

(1) Voir la loi anglaise du 6 août 1872, due à M. Mandella : « Act to make further provision for arbitration between masters and workmen, » qui complète la loi de 1867, par un arbitrage fixé d'avance, en cas de difficulté.

La Constituante avait à peine supprimé les corporations que les ouvriers commencèrent à abuser de la liberté. Il y eut des troubles, des coalitions pour l'élévation des salaires. L'Assemblée effrayée voulut prendre des mesures de réaction, et pour cela elle s'appuya sur les lois mêmes qui avaient établi la liberté. Elle vota la loi du 14-17 juin 1791, portant, entre autres dispositions, que, vu la suppression des corporations, « les citoyens d'un même état ou profession, les entrepreneurs, ceux qui ont boutique ouverte, les ouvriers et compagnons d'un art quelconque, ne pourront, lorsqu'ils se trouveront ensemble, se nommer ni présidents, ni secrétaires, ni syndics, tenir des registres, prendre des arrêtés ou délibérations, former des règlements sur leurs prétendus intérêts communs. Le rapporteur de la loi, dans une argumentation bizarrement disposée, avait soin de dire que s'il était permis aux citoyens de s'assembler, il ne saurait être permis à une catégorie de citoyens de se réunir, pour leurs soi-disant intérêts communs ; qu'il n'y avait pas d'intérêts intermédiaires entre ceux du particulier et ceux de l'Etat. Singulière théorie qui méconnaît l'heureuse puissance de l'association, et qui se ressent de la frayeur qu'avaient les esprits de voir se restaurer tout ce qui aurait pu rappeler les corporations.

Cette loi, qui n'a jamais été abolie, n'empêche pas l'autorité de tolérer la formation de chambres syndicales de patrons et de chambres syndicales d'ouvriers, qui rendent de grands services, sans ressusciter, pour cela, l'ordre économique supprimé en 1789. Car leurs décisions ne sont obligatoires que pour les associés, qui sont toujours libres de se retirer. Les Chambres syndicales d'ouvriers ne datent guère que de 1867. Elles ont pour but, comme celles des patrons, de veiller aux intérêts communs des sociétaires, et fournissent aux tribunaux des auxiliaires utiles pour la solution de certaines questions.

La même loi de 1791, qui interdisait aux ouvriers de nommer des chefs et de prendre des règlements, portait dans son article 4, que « si, contre les principes de la liberté et de la constitution, des citoyens attachés aux mêmes professions, arts et métiers, prenaient des délibérations, ou faisaient entre eux des conventions tendant à refuser de concert, ou à n'accorder qu'à un prix déterminé le secours de leur industrie ou de leurs travaux », ces délibérations seraient déclarées nulles et que les auteurs en seraient punis.

La loi du 22 germinal an XI vint renouveler ces dispositions ; seulement elle les étendit aux coalitions formées entre patrons pour forcer l'abaissement des salaires ; avec cette différence, toutefois, que les coalitions d'ouvriers étaient punissables dans tous les cas, tandis que celles des patrons ne l'étaient qu'autant qu'elles intervenaient pour forcer *injustement* et *abusivement* l'abaissement des salaires.

Les art. 414, 415, 416 du Code pénal de 1810, sans rien changer à la définition des délits, modifièrent la pénalité. La loi du 27 novembre 1849 conserva le principe du Code de 1810. Mais elle mit sur le même pied les ouvriers et les patrons, c'est-à-dire qu'elle aggrave la peine contre les patrons instigateurs, tandis que l'ancienne loi n'aggravait la peine que contre les ouvriers instigateurs ; qu'elle punit le patron coupable d'avoir prononcé des amendes ou des interdictions contre l'ouvrier, aussi bien que l'ouvrier était puni pour avoir prononcé des *damnations* contre les directeurs d'ateliers ou contre ses camarades ; enfin, qu'elle frappe le patron pour le fait seul de coalition, en supprimant les expressions « *injustement* et *abusivement* », qui n'avaient pas été écrites pour les coalitions formées par des ouvriers.

La loi du 25 mai 1864 est venue faire plus qu'apporter une modification dans le système de pénalité : elle a reconnu la liberté des coalitions pour amener la hausse et la baisse des salaires ; elle l'a reconnue implicitement, puisqu'elle ne déclare ces coalitions punissables qu'autant qu'il y aura eu violences, voies de fait, menaces ou manœuvres.

Pour faire adopter la loi, on a dit que, bien qu'en théorie, ce fût le rapport de l'offre avec la demande qui pût seul déterminer raisonnablement le taux des salaires, cependant la mauvaise volonté du patron avait parfois la force de lutter, pendant quelque temps, contre la situation du marché, avant que cette situation ne fût venue à la connaissance de tous, et qu'il était sans inconvénient alors d'autoriser des manœuvres légales tendant à une augmentation de salaires que comportait le jeu des lois économiques. Mais on peut dire, d'autre part, qu'il est bien dangereux d'accorder aux ouvriers une liberté de ce genre, car la tentation les poussera presque invariablement à user de violence contre leurs camarades qui, en ne faisant pas cause commune avec eux, rendraient la coalition stérile.

Mesures relatives à l'amélioration de la condition des classes ouvrières.

La liberté du travail, ce n'est pas tout pour l'ouvrier. Il faut que cette liberté ne soit pas seulement pour lui le droit de mourir de faim. Depuis 1789, les gouvernements se sont plus ou moins préoccupés, à ce point de vue, des classes ouvrières.

La loi du 17 ventôse an V rétablit les monts-de-piété qui avaient disparu depuis 1777, et avaient été remplacés par des maisons de prêt qui dépouillaient le pauvre d'une façon scandaleuse. Le gouvernement, en établissant une institution publique chargée de prêter à un taux modéré, rendait un grand service à la classe ouvrière. La véritable loi organique de la matière est celle du 16-26 pluviôse an XII, qui porte « qu'aucune maison de prêt sur nantissement ne pourra être établie qu'au profit des pauvres et avec autorisation du gouvernement. »

Le Directoire avait établi des bureaux de bienfaisance. Le Consulat (décret du 12 juillet 1807) fortifia cette institution, augmenta leur budget, en leur rendant des biens qui, avant 1789, avaient appartenu à des établissements de charité. D'autre part, comme mesure corrélative du développement des établissements de secours, le Code pénal établissait contre la mendicité des peines sévères. Ainsi avait déjà fait la Convention, qui s'était montrée d'autant plus rigoureuse qu'elle avait projeté un système d'assistance publique des plus chimériques, il est vrai, mais qui, en théorie, enlevait à la mendicité sa raison d'être.

Sous la Restauration, on vit poindre une institution d'importation anglaise qui devait être des plus utiles pour la classe ouvrière : c'est l'institution des caisses d'épargne, qui permettent au travailleur de mettre ses économies à l'abri de ses propres entraînements, et de trouver pour son obole, si chétive qu'elle soit, un placement fructueux. Dès 1818, fut fondée une société anonyme sous le nom de : Caisse d'épargne et de prévoyance, qui entraîna la création de plusieurs autres caisses, en attendant que la loi du 5 juin 1835 vînt organiser l'institution.

Cette loi fit effectivement une institution nationale des caisses jusque-là régies par de simples ordonnances. Les livrets sont affranchis du timbre. On donne aux déposants une facilité précieuse, surtout pour les ouvriers nomades, celle de faire transférer, sans frais ni interruption d'intérêts, leur compte d'une caisse à une autre. On fixe à 300 francs le maximum des versements hebdomadaire, à 3,000 francs le maximum de crédit de chaque déposant. La loi du 22 juin 1845 vint abaisser le maximum des versements hebdomadaires et le maximum du crédit de chaque déposant. La loi du 30 juin 1851 abaissa encore davantage ces chiffres (1).

Les caisses d'épargne permettent parfois à l'ouvrier de sortir de sa condition, en s'établissant. Les sociétés de secours mutuels lui permettent d'y vivre. Elles offrent à la charité des établissements où elle sait pouvoir apporter au travailleur une utile offrande. Les sociétés de secours mutuels furent déclarées établissements d'utilité publique par la loi des 8 mars, 5, 15, 20 juillet 1850, à condition qu'elles se conformeraient à un certain type, indiqué dans la loi. Le décret du 26 mars 6 avril 1852 vint ordonner la création d'une société de secours dans chacune des communes où l'utilité en sera reconnue (2).

La loi du 11 juin 1850 sur la caisse des retraites, a fait intervenir l'État pour stimuler les ouvriers à se préparer des rentes viagères pour leurs vieux jours. La loi du 7 juillet 1856 a élevé jusqu'à 750 francs le chiffre maximum de la rente que la caisse est autorisée à faire inscrire sur la même tête.

La loi n'est pas seulement venue en aide aux ouvriers par des mesures de bienfaisance : elle a voulu leur permettre d'acquérir le bien-être, par la seule mise en œuvre de leur liberté et leur intelligence. La loi sur les sociétés du 24 juillet 1867 a autorisé la forme de société coopérative, essentiellement abordable aux ouvriers : capital social divisé en actions d'un chiffre peu élevé, facilité pour l'associé de retirer sa mise, etc. Ces sociétés, qui sont ou des sociétés de crédit, ou des sociétés de production, ou

(1) Voir les beaux travaux de M. de Malarce sur ces institutions.
(2) Voir plus haut, page 38.

des sociétés de consommation, ont pour but de procurer à l'ouvrier le crédit et la consommation à bon marché, et de lui permettre de réaliser les bénéfices du fabricant auxquels il eût dû renoncer, faute d'argent pour se procurer le matériel nécessaire. Mais ces sociétés, sur lesquelles on avait fondé beaucoup d'espérances, ont donné peu de résultats : les sociétés de consommation, parce quelles sont mal administrées par des gérants qui, étant ouvriers eux-mêmes, n'ont pas les qualités du commerçant, et qui laissent facilement absorber les bénéfices, extrêmement minimes d'ailleurs, réalisés sur les objets de consommation. Les sociétés de crédit ne réussissent pas non plus, parce que ce n'est guère que le mauvais papier qui afflue aux caisses de la société. Quant aux sociétés de production, elles sont mal gérées, parce que les ouvriers ne récompensent pas les chefs par des salaires en proportion avec la tâche qu'ils entreprennent, et que ceux-ci n'ont pas dès lors, dans la direction, le stimulant nécessaire.

A côté des lois qui ont voulu améliorer la condition de l'ouvrier, il faut placer celles qui ont voulu protéger plus particulièrement sa personne physique. Il faut citer la loi sur le travail des enfants dans les manufactures (22 mars 1841) et la loi du 9-14 septembre 1848, qui a limité à douze heures le travail de l'ouvrier dans la manufacture.

La loi du 22 février 1851 sur l'apprentissage a aussi le caractère d'une loi protectrice de la personne physique de l'ouvrier, en même temps qu'elle veille à ses autres intérêts : S'il n'est âgé de vingt et un ans, le maître ne peut prendre d'apprentis. Il doit se conduire vis-à-vis d'eux en bon père de famille. Il ne peut les faire travailler que dix heures par jour jusqu'à l'âge de douze ans, que douze heures jusqu'à l'âge de seize ans. Il doit leur laisser la

liberté pendant l'après-midi du dimanche. Enfin il doit
leur enseigner progressivement son métier.

Les gouvernements se sont plus préoccupés du bien-
être moral et matériel de l'ouvrier que de son éducation.
Ce n'est qu'en 1833 qu'appparaît la première loi sur l'instruction primaire. La Convention avait bien pris des
dispositions en ce sens, mais qui étaient restées lettre
morte. Les lois de 1833 et de 1850 obligent chaque commune à avoir une école primaire. Les ouvriers ont, dans
l'état actuel, toutes sortes de moyens pour acquérir les connaissances, même les plus élevées. Mais l'examen de cette
question ne rentre pas dans l'histoire législative de la
classe ouvrière.

Au point de vue de l'enseignement industriel, divers
établissements ont été créés pour les ouvriers depuis
1789. Napoléon I⁽ᵉʳ⁾ fonda à Compiègne une école des arts
et métiers, sorte d'école d'apprentissage pour former des
forgerons, mécaniciens, etc. Elle fut composée de boursiers, fils des anciens militaires, et destinée « à rapprocher
les extrémités du centre et à donner à la classe inférieure
un esprit national qui ne se trouve pas dans les apprentissages particuliers ».

Le duc Decaze fit rendre, le 25 novembre 1819, une
ordonnance créant l'enseignement supérieur au Conser-
vatoire des arts et métiers de Paris.

Sous Louis-Philippe, diverses écoles des arts et métiers
furent créées. En 1843, on fonda l'École des mineurs de
Saint-Étienne, d'où sortent des directeurs d'usines et
d'exploitations minières, et celle des maîtres ouvriers
mineurs d'Alais, d'où sortent des contre-maîtres. Telles
sont les institutions fondées pendant de longues années
de paix ; mais une guerre imprévue et funeste en est venue troubler les fécondes conséquences.

Le décret du 22 juin 1864 porte dans son article 1⁽ᵉʳ⁾ :

« Sont abrogés, à dater du 1er septembre 1863, les dispositions de décrets, ordonnances ou règlements généraux ayant pour objet de limiter le nombre des boulangers, de les placer sous l'autorité des syndicats, de les soumettre aux formalités des autorisations préalables pour la fondation ou la fermeture de leurs établissements, de leur imposer des réserves de farines ou de grains, des dépôts de garantie ou des cautionnements en argent, de réglementer la fabrication, le transport ou la vente du pain, autres que les dispositions relatives à la salubrité et à la fidélité du débit des pains mis en vente.

Art. 2. Les décrets des 27 décembre 1853 et 7 janvier 1854, relatifs à la caisse de service de la boulangerie du département de la Seine, seront modifiés et mis en harmonie avec les dispositions du présent décret. — Voir, à la date du 31 août 1863, le décret relatif à la boulangerie de Paris (*Bulletin des lois*, 11e série, n° 11,603).

Les nécessités imposées par le siége de Paris (1) ont amené les dispositions suivantes, édictées en des temps bien exceptionnels :

11-19 octobre 1870. — *Décret qui organise en compagnies spéciales les ouvriers et employés des ateliers affectés à la fabrication et à la fondation des armes et munitions de guerre.*

La délégation du gouvernement de la Défense nationale :

Considérant qu'il importe essentiellement à la défense du pays que les travaux relatifs à l'armement ne subissent aucun retard ; que, par conséquent, il est indispensable de ne pas désorganiser les ateliers chargés de pourvoir à

____

(1) *Chronique du siége de Paris.* — Lefèvre, éditeur, passage du Caire, 1871, Paris.

cet armement ; que, d'autre part, nul ne doit, dans les circonstances actuelles, être soustrait à l'obligation de prendre les armes, — Décrète :

ART. 1er. Dans chacune des localités où il existe des ateliers affectés par le ministre de la guerre et par la commission d'armement à la fabrication et confection d'armes, de munitions et de matériel de guerre, les ouvriers et employés de ces ateliers, qu'ils appartiennent au contingent de l'armée, à la garde nationale mobile ou à la garde nationale sédentaire, seront formés en compagnies ou en bataillons spéciaux, et exercés au maniement des armes à des heures uniques, choisies de manière à ne pas entraver le travail.

ART. 2. La liste des ouvriers et employés entrant dans la composition de ces bataillons ou compagnies sera dressée dans chaque localité par l'autorité militaire, en ce qui concerne les hommes appartenant à l'armée et à la garde nationale mobile ; par l'autorité civile, pour les gardes nationaux sédentaires, sur la présentation des chefs d'établissement.

ART. 3. Tout ouvrier qui cesse son travail reprend dans l'armée, la garde mobile ou la garde nationale, la place qu'il occupait.

10 novembre 1870. — Décret qui organise en compagnies de ces bataillons spéciaux les ouvriers, maintenus dans leurs ateliers pour y fabriquer le matériel d'armement (Tours).

5 septembre 1870. — Le Gouvernement de la Défense nationale, sur le rapport du ministre de l'agriculture et du commerce :

Vu l'art. 4 du décret du 24 février 1858 sur l'exercice de la profession de boucher dans la ville de Paris, ainsi conçu : « Le colportage en quête d'acheteurs de viandes de boucherie est interdit dans Paris. »

ART. 1ᵉʳ. L'article 4 du décret du 24 février 1858 est abrogé.

22-24 janvier 1871. — Décret qui supprime les clubs

11 septembre 1870. — Décret qui rétablit la taxe de la viande de boucherie dans Paris.

10 novembre 1870. — Décret concernant les infractions aux prescriptions des décrets et arrêtés qui régissent le commerce de la viande et des denrées taxées.

Dans ces dernières années, des sociétés coopératives ont été formées par les ouvriers français pour favoriser le *crédit*, la *consommation*, la *production*. Le premier essai pratique fut l'association des *bijoutiers en doré*, fondée dès 1834 à Paris, où elle est encore florissante. De 1848 à 1851, un vif élan vers l'association se produisit en France et y préoccupa. tous les esprits. — Sous l'influence des idées qu'elle subissait alors, l'Assemblée constituante vota un subside de *trois millions* pour soutenir l'essor de ce mouvement; mais la somme demeura stérile et ne fut même pas répartie en totalité, car l'initiative individuelle, en dehors des subventions officielles, a donné des résultats bien plus réels, — non pas que tous les ouvriers doivent quitter le salariat pour l'association, et que les patrons forcément doivent, faute d'action, devenir gérants de sociétés ouvrières. Ce seront d'abord les travailleurs les plus intelligents, les plus probes, les plus économes des divers ateliers, qui institueront des associations de production. Bientôt ces groupes exerceront, par leur seul exemple, une influence heureuse sur la situation des différentes branches d'industrie ; des combinaisons mixtes et salutaires se produiront, les patrons attribueront à leurs ouvriers une part dans leur bénéfice, et les exciteront ainsi plus directement au même travail et à l'œuvre commune. C'est là qu'est l'avenir de l'industrie.

Il importe que la France regarde au plus vite, — car le temps presse, — ce qu'elle est, hélas ! devenue et comment ont marché progressivement les autres nations, dont elle se croyait à toujours l'invincible précurseur, et dont elle ne prenait pas assez souci, répondant aux avertissements, comme le duc de Guise : on n'osera point ! — Ils ont osé, — proclamant que la force prime le droit, voler, fusiller, écraser nos populations effarées et surprises par le nombre ; ils ont confisqué nos patriotiques provinces, l'Alsace, la Lorraine, et nous ont imposé, comme rançon, cinq millards ! Malgré cet effondrement désastreux, nous vivons encore, mais pantelants et mutilés, cherchant à reprendre ces tronçons qui saignent toujours et veulent nous rejoindre, — quand viendra la revanche, dont il ne faut pas témérairement précipiter l'heure. On doit commencer par créer, instruire des enfants, qui seront des hommes, des vengeurs. Pendant qu'en Allemagne les unions, toujours fécondes, produisent sur 100 mariages 400 enfants, la France reste bien en arrière de ce nombre. — Chez nous, le mariage, la famille sont désertés, bafoués, battus en brèche par le luxe et la débauche, ces funestes marées, qui montent toujours sans trève, sans digues. Les chiffres ont leur sinistre éloquence pourtant (1) ; que nos gouvernants écoutent ce cri, non d'alarme, mais de détresse : *Caveant consules ne quid detrimenti Respublica capiat.* — Sur 325,000 conscrits, que le sort désigne chaque année, 216,000 seulement (2) sont en état de porter les armes ;

---

(1) *Causes du dépérissement de la population en France* ; thèse brillamment soutenue devant la Faculté de médecine de Paris (1872), par notre cher concitoyen et jeune ami, le docteur Henri Cordier, qui continuera dignement, dans le département de l'Aisne, le nom de son père, chirurgien de l'Hôtel-Dieu de Saint-Quentin.

(2) Les 216,000 jeunes gens que l'antiquité eût pu seuls faire figurer dans ses jeux olympiques, représentent, en France, la belle jeunesse de notre

109,000 doivent être réformés, car 18,106 ont moins d'un mètre 560 millimètres ; 30,524 sont rachitiques, 15,988 sont mutilés, 9,100 bossus ou boiteux, 6,934 sourds, muets, aveugles, 4,108 édentés, 5,213 goîtreux, scrofuleux, 5,414 syphilitiques, 2,529 dartreux, 8,236 infirmes, 2,158 fous, épileptiques.

La loi du 22 mars 1841 sur le *travail des enfants dans les manufactures* est impuissante, d'ailleurs inexécutée ; les enfants, qui ne devraient se courber sous le métier qu'à l'âge de dix ans, sont utilisés comme *lanceurs*, à sept ans, chez les tisseurs de Bohain, de Fresnoy, de Wassigny (Aisne) et dans le Nord. Fondons des *écoles en plein air, dans les jardins, l'été*, comme l'a heureusement introduit, en Suisse, le système Frœbel; donnons un repos (*half times*). Refaisons-nous enfin une virilité ; — après avoir donné l'exemple au monde entier, devenons humbles et, à notre tour, imitons les autres nations (1).

L'Angleterre protége sa puissante industrie, s'applique à réformer toujours, sans ébranler les fortes traditions du passé ; la Russie accepte les engagements forcés entre les patrons et les ouvriers, avec le partage périodique de la terre et la triple protection accordée par le chef de famille, la commune et le seigneur. En Hongrie, l'organisation féodale, conservant un excellent régime de propriété, laisse les paysans posséder une partie de la terre, avec un patronage assuré. — Chez les Scandinaves, l'industrie et l'agriculture, ces deux sœurs, sont alliées sous la protection des seigneurs, gardiens aussi de la liberté

pays en sa fleur, la patrie en son printemps ! — Les autres ont été prématurément énervés, moissonnés par l'ivrognerie, la débauche et l'abus du tabac; la promiscuité des sexes dans les ateliers a fait le reste.

(1) Voir le beau livre de M. Le Play : *Les Ouvriers en Europe.* — Lévy, éditeur.

individuelle. Pour les nomades de l'Asie, la vie pastorale est étroitement liée à la possession indivise des steppes, sous l'autorité du chef de la famille et le respect des croyances religieuses. En France, nos penchants révolutionnaires ont soufflé la guerre entre · l'enfant et le père, entre l'ouvrier et le patron, entre le paysan et son maître, entre l'homme et Dieu ! Aussi demeurons-nous isolés sur le globe, sans une seule alliance, et nous avons la folle espérance de vivre encore, après avoir tout détruit autour de nous : la famille, la tradition, le respect des lois et de l'autorité, enfin la religion.— Sans doute, en lisant ce livre des *Métiers*, on trouvera qu'ils étaient enchaînés par bien des entraves, et quelques abus, grossis par le temps, nous semblent excessifs, exagérés ; — pourtant toutes ces corporations avaient une organisation plus puissante, plus vivace, plus patriotique que celles dont la démocratie nous a dotés (1). Les ouvriers, au moyen âge, possédaient leurs priviléges, leurs bannières, leurs chartes, leurs juges, leurs impôts, puis ils volaient aux combats, animés du même souffle que leurs seigneurs, et, comme eux, en sortant morts ou victorieux. Revenons, nous aussi, à ces grands et glorieux exemples d'unité nationale et de courage indompté ; il en est temps encore. *Sursum corda !*

(1) M. Godin-Lemaire, député du département de l'Aisne, *Solutions sociales*. — Paris, 1872, Le Chevalier-Guillaumin, éditeurs, rue Richelieu. — M. Godin est l'inventeur et le propriétaire du familistère, annexé à sa vaste usine de Guise (arrondissement de Vervins).

CHAPITRE X

Pièces justificatives.

I

LES MOINES ARCHITECTES.

La science s'est, pendant la Barbarie, conservée dans les couvents.

Nos moines ont été d'habiles architectes, et saint Benoît avait placé l'étude de cet art parmi les règles données à son ordre. Vers le douzième siècle seulement, on trouve, en France, des architectes laïques : Béranger, qui travailla à la cathédrale de Chartres, mourut en 1180 ; — en 1201, Bertrand, *maistre de piéra*, à Montpellier, ainsi que Guillaume Alestra, *magister lapidum* (1273.)

On cite au treizième siècle, Robert de Luzarches et Thomas de Cormont à Amiens (1), Robert de Coucy à Reims, — Eudes de Montreuil et Jean de Chelles, à Paris.

(1) *La Sainte-Chapelle du Palais.* Dentu, éditeur, 1873. — *L'Art en Alsace au moyen âge*, par Gérard. Colmar, 1873.

En 1548, Philibert Delorme (1), conseiller du Roi, son aumônier et architecte, est en outre maistre général des maçonneries du royaume. Chaque province avait son architecte, chaque ville son clerc des ouvrages, lequel à Rouen, en 1692, avait un traitement de 1500 livres, un boisseau de sel, un jeton de présence aux assemblées municipales, avec exemption des tailles et charges publiques (2).

II

LA BRODERIE ET LA DENTELLE FRANÇAISES.

En France, la broderie et la dentelle ont toujours été recherchées (3). Au dix-septième siècle, on avait : le point de Venise, le point de Gênes, le point de Raguse, le point de Bruxelles, de Malines, de Valenciennes, d'Aurillac et de Paris ; puis, la guipure, la bisette, la gueuse, la campane, la mignonnette, la blonde et les dentelles d'or et d'argent, fabriquées à Lyon.—En 1680, madame Gilbert, d'Alençon, fut chargée de créer, dans sa ville natale, une fabrique de point d'Alençon pour laquelle elle appela trente ouvrières de Venise. Dix-sept mains différentes

(1) *Les Architectes français*, par M. Lance.

(2) Malgré ses récents désastres, la France artistique garde encore le premier rang parmi les nations.— A l'exposition internationale de Vienne (Autriche), en 1873, elle a obtenu 247 médailles, dont 138 pour la peinture, 34 pour la sculpture, 25 pour l'architecture et 19 pour la gravure.

(3) *Le Livre d'or des Métiers*, histoire de l'imprimerie et des arts, professions qui se rattachent à la typographie, par Lacroix et Paré (1862).— Voir : la *tapisserie de Bayeux* représentant la conquête d'Angleterre, par Jubinal. Paris, 1862 : in-folio. — La *Danse des morts de la Chaise-Dieu*, fresque inédite du quinzième siècle, publiée pour la première fois par Jubinal. Paris, 1862 : in-4.

fabriquent cette merveille : la piqueuse, la mordeuse, la traceuse, la régleuse, la remplisseuse, la fondeuse, la bordeuse, l'ébouleuse, la régaleuse, la gazeuse, la mignonneuse, la picoteuse, l'affineuse, l'assembleuse, la toucheuse, la brideuse, la bouleuse.

III

LE PRIX DES SALAIRES ET DES DENRÉES AU XVIIIᵉ SIÈCLE.

En 1730, les échalas pour les vignes valaient, en Picardie (1), 22 livres les 100 bottes ; la journée d'un greffeur de vignes, 17 sols; celle d'un vigneron, 8 sols ; la pièce de vin du Laonnois, 40 livres ; le 100 de fagots, 10 livres; la corde du gros bois, 12 ; le setier d'orge, 3 ; le galon de blé valait, en 1700, 5 livres 1 sol, — en 1701, 3 livres 12 sols, — en 1702, 2 livres 7 sols 6 deniers, — en 1703, 2 livres 8 sols 3 deniers, — en 1704, 2 livres 11 sols 9 deniers, — en 1705, 3 livres 18 sols 6 deniers, — en 1706, 2 livres 9 sols, — en 1707, 2 livres 4 sols, — en 1708, 3 livres 2 sols 3 deniers, — en 1709, 13 livres 3 sols, — en 1711, 5 livres 1 sol 6 deniers, — en 1712, 5 livres 17 sols 9 deniers. La solive des bois d'orme et de frêne est évaluée à 28 sols; celle du bois blanc, à 18 sols ; la corde de bois dur, à 16 livres ; de bois blanc, à 8 ; celle de charbonnage dur, à 4 livres 10 sols ; de charbonnage blanc, à 3 livres ; le 100 de baguettes, à 3 livres 10 sols.

Une servante reçoit 3 livres par mois et 5 jalois, pour

_____

(1) Bailliage de Ribemont. Archives de la préfecture de l'Aisne (B. 79, 80, 83, 583) et Archives nationales de Paris : *Inventaire des fonds antérieurs à 1790. Paris, 1871.*

le temps de la moisson. — On fixait la taxe du pain blanc
à 5 liards ; pain bis, à 12 deniers.

Les cuisiniers, cabaretiers, coquetiers n'iront au marché
qu'à 8 heures du matin, de Pâques à la Saint-Remi, et à
9 heures, de la Saint-Remi à Pâques.

IV

UNE AFFICHE DE SPECTACLE EN 1779.

Une ancienne affiche de l'Ambigu (1), imprimée sur
papier blanc, est ainsi conçue :

« Par permission de monseigneur le lieutenant-général de police, boulevard du Temple, l'Ambigu-Comique
donnera aujourd'hui mardi, 26 janvier 1779, *le Fort
pris d'assaut*, pantomime suivie de la *Musicomanie*,
pièce en un acte, terminée par la dernière représentation au Boulevard de *la Gaîté-Parisienne*, grand
divertissement à l'occasion de Madame, fille du Roi.
— Demain mercredi, la quatrième représentation de
la Montagne délivrée d'une souris, parodie-pantomime,
mêlée de dialogues. La livrée n'entrera, en payant,
qu'aux places à douze sols. — Le rideau levé, on ne ren-
dra pas l'argent. »

(1) On voit que de nos jours les affiches théâtrales, en province surtout,
ne se sont guère modifiées depuis le dernier siècle.

> Vario il vestir, ma il desiderio uno,
> Cercan tutti fuggir tristezza e duolo,
> Or con voce, ed ora con la máno,
> Or soldi, or dente cava il ciarlatano.

(Au pied d'une gravure représentant le carnaval de Venise, au dix-huitième siècle.)

V

LES DAMES DE LA HALLE DE PARIS.

Jadis on appelait les dames de la Halle les harengères, parce que les premiers poissons qu'elles vendirent furent des harengs. Ces dames, qui forment une corporation importante, se sont, à toutes les époques, mêlées des événements politiques.

L'histoire nous apprend que, pendant la Révolution, elles prirent une part active aux luttes des partis. Disons de suite que leurs sentiments ont toujours été pour l'ordre et le bon droit. Sans parler des faits d'une époque reculée, on se rappelle que, pendant la Commune, ce sont les dames de la Halle qui, par leur énergie, sauvèrent d'une mort certaine l'honorable curé de Saint-Eustache. Leur bon cœur est bien connu. Combien de collectes n'ont-elles pas faites pour venir en aide à des infortunes? Combien d'enfants abandonnés n'ont-elles pas adoptés?

Au quatorzième siècle, elles fondèrent une messe qui se célébrait, chaque année, à l'église de Notre-Dame, qui était alors leur paroisse. Cette cérémonie solennelle, à laquelle elles assistaient en corps, était présidée par les autorités. En 1651, les dames de la Halle obtinrent du roi la faveur qu'il assisterait désormais à leur messe.

En 1867, nous nous rappelons encore la fête qu'elles organisèrent à l'occasion du rétablissement de la santé du prince impérial.

Un dernier détail. On sait que les dames de la Halle sont réputées avoir de fort beaux diamants.

VI

UNE LETTRE DE LA DUGAZON.

Autrefois, pas plus que de nos jours, tout ne sourit pas dans la vie d'artiste (1).

Aux prises avec le besoin, Dugazon (Louise-Rosalie-Lefèvre), femme de Henri Gourgault, née à Berlin en 1755, morte en 1821, écrit à Camerani, à Amiens, le 24 vendémiaire an IV :

« Monsieur,

« Ne pouvant présumer que le théâtre de Paris soit prêt à s'ouvrir, je me suis arrangée pour quelques représentations avec le directeur d'Amiens (2). Malgré toute l'ingratitude que j'ai éprouvée de la part de plusieurs de mes camarades, j'ai toujours et conserve pour ce théâtre, où j'ai créé tant de rôles, une prédilection que rien n'a pu détruire et ne détruira jamais.

« Agréez, Monsieur, mes salutations, etc. »

VII

LA PROPRIÉTÉ FONCIÈRE.

Si de la France nous jetons un regard sur ce qui se passe dans les autres pays, nous voyons que l'Angleterre se rattache aux lois et aux traditions du passé.

(1) Collection Gautier-la-Chapelle. Paris. — Voir aussi : Chaussard, *Fêtes et courtisanes de la Grèce*; 1803; in-12.

(2) Madame Dugazon épousa, en secondes noces, Préville, sociétaire de la Comédie française.

De même, nous l'avons dit, en Russie, les seigneurs protégent l'industrie et l'agriculture.

Pour asseoir et améliorer la démocratie moderne, il fallait conserver (1) l'autonomie communale et la propriété communale, vers lesquelles on a tenté en vain de revenir, en fondant des associations de métiers, *trades-Unions*, des sociétés coopératives, auxquelles a jusqu'ici toujours manqué le sentiment fraternel, religieux, juridique. En Angleterre (2), les machines possèdent une force de cent millions d'hommes, c'est donc comme si chaque famille avait à sa disposition douze serviteurs, avec des muscles d'acier infatigables. Cependant, il y a toujours là un million de pauvres secourus (3), et les classes laborieuses y sont plus irritées que jamais. Les démocraties antiques ont péri, parce qu'elles n'ont pas su concilier l'égalité des droits politiques avec l'inégalité des conditions ; les démocraties modernes sont-elles destinées à succomber sous les mêmes difficultés ?

VIII

BUDGET DES OUVRIERS A PARIS ET A SAINT-QUENTIN.

Un publiciste moderne, **M.** Fribourg, a récemment exposé, avec des chiffres plus significatifs que toutes les déclamations, la misère qui ronge l'ouvrier au sein de Paris, misère d'autant plus navrante, qu'elle grandit à

---

(1) Émile de Laveleye, *la Propriété primitive en Suisse*. Voir aussi les remarquables études de M. Leplay sur les ouvriers en Europe. Lévy, éditeur.

(2) Le rapport des Caisses d'épargne en France n'offre que 18 francs par habitant, tandis qu'on trouve : en Danemarck, 87 francs; en Norwége, 55 francs; en Suisse, 50 francs ; en Angleterre, 42 francs; en Autriche, 40 francs, et en Prusse, 27 francs. (De Malarce, *les Caisses d'épargne.*)

(3) Voir les études de Léon Faucher, d'Esquiros, sur l'Angleterre, et celles du comte de Paris.

mesure que le luxe grandit, qu'elle augmente à mesure
que le salaire augmente. Ce tableau, selon M. Fribourg,
représente le budget d'un ouvrier marié et de ses deux
enfants :

BUDGET D'UN OUVRIER MARIÉ AVEC DEUX ENFANTS.

Recettes.	2,100 fr.	
Loyer, aux extrémités de Paris, à une heure de son travail. . . .	250	»
Entretien : Quatre personnes à 0,15 c. par jour, tout compris : habits, linge, chaussures, coiffures.	219	»
Éclairage : Charbon pour la cuisine et le blanchissage de fin, à 0,25 c. par jour.	91	25
Blanchissage de gros pour quatre, à 1 fr. par semaine.	52	»
Chauffage : 120 jours à 0,30 c. .	36	»
Pain : Une livre par tête ou 2 kil. par jour, à raison de 0,40 c. par kilog.	328	50
Nourriture : A raison de 0,75 c. par jour et par tête pour deux repas.	1,095	»
Total pour une année de 365 jours.	2,071	75
Reste 28 fr. 25 c. pour l'imprévu de l'année, ci.	28	25
•Total égal à la recette.	2,100 fr.	

Dans ce calcul, il n'entre pas un sou pour les frais
d'école, pas de sortie, pas de dépenses, quelles qu'elles
soient, pas d'achats de livres ou journaux.

Jamais une partie de plaisir, jamais une heure de maladie, jamais une goutte de vin, jamais de voiture ni de tabac, rien pour l'avenir.

Tel est le budget pour Paris ; voyons comment le député de Reims, M. Simon, l'établit pour la province.

Dans *l'Ouvrière*, par Jules Simon, l'auteur fixe ainsi le budget d'une famille de cinq personnes à Saint-Quentin (Aisne) :

Déjeûner : soupe, lait. .	» 10 c.	
— Beurre.	» 05	
Dîner gras (250gr viande).	» 30	Dîner maigre.
— Légumes.	» 20	Légumes, 65 c.
Goûter : Fromage. . . .	» 10	
Souper : Pommes de terre.	» 40	
— Lard ou graisse.	» 10	
Pain de 4 kilos.	1 20	

Soit, pour régime gras. 2 45
Pour régime maigre, 2 60.

En moyenne, 2 fr. 52 c. pour 365 jours.	919	80
Loyer à 7 fr. par mois.	84	»
Chauffage (1 hect. de coke par semaine). . . .	62	40
Éclairage (400gr d'huile par sem., à 60 c. le k.).	12	48
Entretien du père, au minimum.	50	»
— de la mère.	50	»
— des trois enfants.	50	»
Total.	1228	68

Ce qui suppose, dit l'auteur, à qui nous laissons toute la responsabilité de ses assertions d'alors, un salaire de 4 fr. par jour, sans interruption, sans maladie, sans dépenses imprévues, sans frais de mobilier.

CHAPITRE XI

Ouvrages à consulter.

1. *Ordonnances des Rois de France,* par Laurière.
2. *Le Livre des métiers* d'Etienne Boileau (Edition Depping 1837).
3. *Histoire de saint Louis,* par Joinville.
4. *Dictionnarius Magistri Johannis de Garlandiá.*
5. *La Taille de Paris* (1313).
6. *Les Chroniques nationales,* par Buchon.
7. *Tractatus de laudibus Parisius* (1323).
8. *Description de la ville de Paris* (quinzième siècle), par Guillebert de Metz, publiée par Leroux de Lincy.
9. *Les Manuscrits de Delamare* et la collection Dupré, à la Bibliothèque nationale, département des manuscrits français (8040-8117).
10. Sauval, *Histoire et recherches de la ville de Paris* (1724).
11. Félibien, *Histoire de Paris* (1725).
12. Lebœuf, *Histoire du diocése de Paris,* continuée par H. Cocheris.

13. *Paris au XIIIe siècle*, par A. Springer, traduit par Victor Foucher (1860). Aubry, éditeur.

14. *Le Cartulaire de Notre-Dame de Paris.*

15. B. Stark, *Vie privée, arts et antiquités de la France* (Iéna, 1854).

16. *Registre criminel du Châtelet de Paris*, par Duplès-Agier.

17. *Le Châtelet de Paris. — Le Parlement de Paris*, par Desmaze (Cosse, éditeur).

18. Lenoir, *Statistique monumentale de Paris* (1842).

19. Guillhermy, *Itinéraire archéologique de Paris* (1855).

20. *Les anciennes Corporations d'arts et métiers*, par A. Vavasseur, avocat à la Cour d'appel de Paris (1869, Cosse et Marchal, éditeurs).

21. *Les Corporations des métiers de Rouen*, par M. l'abbé Ouin.

22. *Les Corporations des métiers d'Arras*, par M. A. Parenty.

23. *Le livre d'or des métiers. — Histoire de l'imprimerie et des arts, professions qui se rattachent à la typographie*, par Lacroix et Séré (Paris, 1852).

24. *La Législation ouvrière*, par M. Féraud-Giraud.

24 *bis*. *Causes du dépérissement de la population en France* (thèse soutenue à Paris, par le docteur Henri Cordier, 1872).

25. Lacroix, Duchesne et Séré, *Histoire des Cordonniers*, et des artisans dont la profession se rattache à la cordonnerie, comprenant l'histoire des anciennes corporations et confréries des cordonniers, bottiers, savetiers, précédée de l'histoire de la chaussure, depuis les temps les plus reculés jusqu'à nos jours (Paris 1852).

26. *Histoire des Français de divers états*, par Alexis Monteil (2 volume in-8).

27. *Histoire de l'industrie française et des gens de métier*, par Monteil, avec introduction par Charles Louandre (2 vol. in-18, Dupont, éditeur, Paris, 1872).

27 *bis*. *Histoire des corps et communautés d'arts et métiers du Vermandois*, par M. A. Combier, président du trib. civil de Laon (De Coquet, édit., Laon, 1872) (1).

27 *ter*. Fondation d'une chapelle de Notre-Dame de la Salvation à Compiègne, par Louis XI (1482). — *Comptes de la construction et de la décoration*, publiés par F. Le Proux. Saint-Quentin (Langlet, éditeur, 1872).

28. *Esquisse de l'industrie et du commerce de l'antiquité*, par Richelot (Paris, Didot, 1838).

28 *bis*. *Les Grandes Écoles*, par Mortimer d'Ocagne. (Hetzel, éditeur).

29. F. Michel et Fournier, *Livre d'or des métiers*. — *Histoire des hôtelleries, cabarets, courtilles et anciennes communautés, confréries d'hôteliers, de la vernière et des marchands de vins* (Paris, 1856, in-8).

29 *bis*. *Histoire des classes laborieuses*, par Du Cellier.

30. *Physiologie des métiers et professions en France*, par La Bédollière, dessins d'Henri Monnier (Paris, 1842, in-8°).

31. *État des corporations industrielles au moyen âge*, par H. de Formeville (Le Mans, 1840).

32. *Étude sur la condition des personnes au XI siècle*, par Jules Périn, avocat à la Cour de Paris.

33. *Les Arts du feu*, par Claudius Popelin.

34. *De la Statue et de la Peinture*, traité de Léon-Battista Alberti (traduits par le même, 1869).

____

(1) Le même, *Communauté des habitants de Lisse.*

35. *Saint-Quentin, son commerce et ses industries,* par Charles Picard.

36. Peignot, *Recherches historiques et bibliographiques sur les imprimeries particulières et clandestines,* qui ont existé tant en France qu'à l'étranger, depuis le XVe siècle jusqu'en 1840 (in-8, Paris).

37. Vaussenat, ingénieur civil, *Travail, travailleurs, artisans célèbres* (Bagnères-de-Bigorre, 1869, in-8°).

38. *Lettres, instructions, mémoires de Colbert,* publiés par Pierre Clément, de l'Institut.

39. Leplay, *Les Ouvriers en Europe.*

39 *bis. Manuscrits de la Bibliothèque nationale de Paris* (français, — 24069. — Fonds de la Sorbonne) : C'est l'ordonnance de l'intitulement des registres des mestiers et marchandises de la ville de Paris, qui sont escrips en ce livre, par chapitre et nombre, aussi sont nombrés les feuillets du livre, pour ce que chacun mestier et marchandise n'est pas à part, aucun est en plusieurs feuilles et parties.

40. *Ce sont les tiltres des mestiers de la ville de Paris* (Bibl. nationale de Paris, français, 11709.)

41. Lettre de confirmation des règlements des coupeurs de Paris en 1384 (Bibl. nat. de Paris, 5013).

42. Privilége octroyé aux bourgeois et marchands de la ville de Paris, en 1403 (Bibl. nat., 4641, B. Lat.).

43. Statuts et ordonnances des maîtres tonneliers de Paris (1566) (Bibl. nat., 5042).

44. Plaidoyer du s. d'Orléans, pour les oyseleurs de Paris, contre quelques habitants du Pont-aux-Change.

45. Ordonnance du Roy concernant la police générale de son royaume, par le chancelier de l'Hospital (grains, pain, bois, foin, chantiers et hacquetiers, grosse chair,

volaille et gibier, hosteliers et cabaretiers, habits, merciers, maçons et charpentiers, serviteurs, pour tenir les rues nettes (Paris, Robert Estienne, 1567).

46. Ordre et police que le Roy entend estre dorénavant gardé et observé en la ville de Paris, pour la sûreté et la conservation d'icelle (Paris, Robert Estienne).

47. Ordonnance sur le faist de la police, pour raison de la marchandise de foin et regrattiers d'icelle, des crocheteurs, gaigne-deniers, charretiers, voituriers, desbardeurs et de leurs salaires, aussi des tabourineurs, soldats, gens oisifs et vagabonds en la ville de Paris (Paris, Fréd. Morel, 1571, in-8).

48. Ordonnance du Roi sur le faict de la police générale, tant sur l'enlèvement des boues, les serviteurs, les soieries, teintures et laines, applicables en la ville de Paris et en toutes les autres du royaume (Paris, Fréd. Morel, 1578, in-8).

49. Coustumes et usaiges de la ville, Taille, Baillis et Echevinage de Lille, confirmés et approuvés par l'Impériale Majesté, imprimé en Anvers, par Jehan Thelen, demourant sur la muraille de Lombard, au *Levrier blancq*, le 13e jour de février 1533.

50. Ordonnance de police en faveur des maistres vuidangeurs, contre ceux qui entreprennent sur leur profession (du 31 août 1768). Signé : De Sartine.

51. Charitable remontrance d'aucunes damoyselles Françoyses sur leurs ornements dissolus, pour les induire à laisser l'habit du paganisme, et à prendre celui de la femme pudique et chrestienne.

FIN

Sur la demande de **M.** Ernest Leroux, libraire, lui ont été délivrées les épreuves précédemment reproduites, tirées dans les moules de la Collection des Sceaux, et portant, sur la tranche, la marque de provenance.

Fait à Paris, au palais des Archives, le douze juin mil huit cent soixante et treize.

Le Directeur général des Archives nationales,
membre de l'Institut,

ALFRED MAURY.

TABLE ANALYTIQUE DES MATIÈRES

CHAPITRE VIII.

CHAPITRE IX.

CHAPITRE X.

CHAPITRE XI.

9 782329 415512